海を支える小さなモンスター

海の寄生・共生 生物図鑑

星野 修 ＋ 齋藤暢宏 [著]　長澤和也 [編著]

築地書館

はじめに

　東京都伊豆大島の海が、私の観察フィールドである。溶岩により形成された海底には付着生物が多く、数千種と予測される海洋生物を観察できる。多彩で綺麗な生物たちや回遊魚などはもちろんだが、生態系を考えれば、実は小さな生物たちが海を支えていることに気づく。一般には余り認識されない、そうした小さな生物たちは、多様かつ興味深い手段を使って生活し、繁殖を行う。寄生生物や共生生物も、そのひとつである。全身を宿主内に収める種から、宿主の表面に付着する種まで、きわめて多様である。

　一方、自由生活性の小型生物たちも、興味深い生態を有している。他生物の死骸を掃除したり、みずから住み場所を作ったり、保育を行ったり、多くの生物が独特の方法を用いて生活している。

　生物の種類が多くて、とても全部を紹介しきれないが、伊豆大島で見られた寄生生物や共生生物、また特徴的な生態を持った生物たちを、本書では紹介している。掲載した写真のほとんどすべては、私自身が海中で撮影したものである。また、本文の解説の多くは、自身の観察に基づいている。ページごとに小見出しを設

け、登場する生物の標準和名と学名、大体の大きさ、寄生・共生種の場合は宿主名を記した。普段、気づくことのない小さな生物たちの存在を知ってもらうことで、大切な何かを伝えることができれば幸いである。

2016 年 7 月

著者を代表して

星野　修

目 次

はじめに 02

魚類に寄生するカイアシ類 06
寄生性カイアシ類の卵嚢と孵化 07
寄生性カイアシ類の重度寄生 08
様々な宿主を利用するカイアシ類 09
似るが異なる寄生性カイアシ類 10
多様な寄生性カイアシ類 11
ハナダイ類に寄生するカイアシ類 12
フグ類に寄生するカイアシ類 13
魚類の眼球に寄生するカイアシ類 14
魚類の鰓蓋内面に寄生するカイアシ類 15
魚類の体表を這い回るカイアシ類 16
数百個体も寄生するカイアシ類と遊泳個体 17
ウミウシ類に寄生するカイアシ類 18
無脊椎動物に宿るカイアシ類 19
浮遊するカイアシ類 20
海の宝石、サフィリナ類 21
底生性カイアシ類 22

■コラム① 共生か寄生か 23

寄生虫を食べてくれるクリーナーたち 24
魚類の口腔に寄生するウオノエ類 26
コケギンポ類に寄生するウオノエ類の幼体 28
魚類の体表に寄生するウオノエ類 29
ベニハゼ類に寄生するウオノエ類の幼体 30
宿主を求め遊泳するウオノエ類の幼体 31
ヘビギンポ類に寄生するムツボシウミクワガタ 32
エビヤドリムシの幼体 34
アカホシカクレノコシヤドリ 35
アミヤドリムシ類と雌雄の生活様式 36
様々なアミヤドリムシ類 37
ニジギンポに寄生するヒル類 38
様々な魚類に寄生するヒル類 39

■コラム② 寄生生物の撮影テクニック 40

アカヒトデに寄生する貝類 41
ウニ類に寄生する貝類 42
トゲトサカ類に宿る貝類 43
ケヤリムシの棲管上にすむ貝類 44

■コラム③ アマチュア研究者に分類学のススメ 45

■コラム④ ムツボシウミクワガタの生活史　46

カイメン類に宿るゴカイ類　48
無性生殖するゴカイ類　49
ホヤ類に宿るゴカイ類　50
海のドラゴン、カサネシリス　52
ゴカイ類の生殖行動　53
ウミケムシ類とウロコムシ類　54
ウロコムシ類　55
卵を持ち歩き守る雄、ウミグモ類　56
海のナナフシ、オニナナフシ類　58
オニナナフシ類の保育　59
海のワラジムシ類　60
ハマダンゴムシ　62
ヒメオオメアミの体色変異　64
ホソツツムシ類の棲み家　65
ヤドカリモドキ類　66
海の掃除屋、コノハエビ類　67
海のオケラ、タナイス類　68
砂地が隠れ蓑、クーマ類　69
小さなエイリアン、ウミノミ類　70
産卵・保育するワレカラ類　72
集団生活するホソヨコエビ類　74
カイメンがゆりかご、トウヨウホヤノカンノン　75
様々な環境に棲むヨコエビ類　76
色鮮やかなドロノミ類　77
擬態するテングヨコエビ類　78
カイメンに棲むアミ類　80
水中を漂う、ジェリーフィッシュライダー　81
海に漂う小さな星たち　82
下等な動物群、扁形動物　84
浮遊する貝類　85
ハウスを広げるオタマボヤ類　86
イソヤムシ類の繁殖行動　87
イソヤムシ類の体色変異　88
コケムシ類　89
若返りの神秘、ベニクラゲ類　90
海に咲く花、ヒドロ虫類　91
海を飾る花虫類　92
果てしなく広がる研究のフロンティア──小型甲殻類の魅力　94

主な参考文献　103
索引　104
あとがき　108

魚類に寄生するカイアシ類

ホシノノカンザシ | *Cardiodectes asper* | 4 mm（卵嚢含まず） | イチモンジハゼ

　本種は、主にイチモンジハゼの頭部背面に寄生する。体前部を宿主内に穿入させ、外から見えるのは楕円形の胴部とコイル状の卵嚢である。写真の個体は、新たに産み出されたばかりの卵嚢を有する雌成体である。寄生後は移動できず、宿主上にて産卵を繰り返す。本種が属するヒジキムシ科カイアシ類の雄は寄生前の雌と交接して精子を渡し終えており、写真には見られない。和名にある「ホシノ」は、著者のひとり星野に献名されたものである。

寄生性カイアシ類の卵嚢と孵化

ホシノノカンザシ | *Cardiodectes asper* | 4 mm（卵嚢含まず） | イチモンジハゼ

卵が卵嚢全体で孵化しつつあるのが分かる。著者（星野）の観察では、1個体の雌が15回の産卵を繰り返したこともある。水温にもよるが、産卵から孵化するまでに7日以上かかり、約1日かけてすべての卵が孵化する。孵化後に水中に出てきた個体を調べると、孵化幼生から数度の脱皮を経たコペポディド幼体で、1対の卵嚢から500個体以上が一度に孵化することもあった。右下写真では、卵嚢先端の卵から序々に孵化している。

| 寄生性カイアシ類の重度寄生 | ホシノノカンザシ｜ *Cardiodectes asper* ｜
4 mm（卵嚢含まず）｜イチモンジハゼ |

　同じ宿主に複数個体が寄生することも度々観察される。このような場合は宿主への負担が大きいため、結果的に寄生虫自身の生命にも影響を及ぼす可能性がある。写真のように1尾の宿主に8個体も寄生した例があったが、そのいくつかの個体は充分な産卵をすることができないまま死滅するようである。右端の個体では卵嚢内の各卵で発生が進み、孵化直前である。

様々な宿主を利用するカイアシ類　　ホシノノカンザシ | *Cardiodectes asper* | 4 mm（卵嚢含まず）| ダイトクベニハゼ

ホシノノカンザシは、伊豆大島ではイチモンジハゼに寄生することが多いが、時にはダイトクベニハゼに寄生することもある。

ホシノノカンザシか近縁種 | 4 mm（卵嚢含まず）| サクラダイ（幼魚）

ホシノノカンザシかその近縁種が、サクラダイ幼魚の頭部背面に寄生していた。寄生性カイアシ類は特定の宿主にしか寄生しない種が多く、異なった宿主に寄生した個体は別種の可能性が高いため、正確な同定が必要である。サクラダイは遊泳性魚類であり、特に幼魚は危険が迫ると岩穴に隠れる。そのような岩礁の窪みで、この寄生虫が宿主にどのように感染するのかは興味深い。

| 似るが異なる寄生性カイアシ類 | ナガワキザシ｜*Nagasawanus akinohama*｜5 mm（卵嚢含まず）｜イチモンジハゼ |

　ホシノノカンザシと同じように、主にイチモンジハゼに寄生するカイアシ類である。ただし、その寄生部位は胸鰭後方と異なっていて、やや透き通ったピンク色の胴部が美しい。卵嚢が細長く緩くカーブするのも本種の特徴である。卵嚢が発達する様子の観察は難しく、孵化などに関する資料は不十分である。本種は 2015 年に新属・新種として記載され、属名は本書編著者の長澤に献名され、種小名は伊豆大島の地名「秋の浜」に由来する。

多様な寄生性カイアシ類	ハナビラツブムシ ｜ *Ttetaloia hoshinoi* ｜
	2.5 mm（卵嚢含まず）｜ミヤケヘビギンポ

　本種はヘビギンポ科魚類の胸鰭基部に寄生する。V字状の白い部分が胴部であり、写真では小さな頭部は見えない。1対の卵嚢がはっきりと見え、卵粒も比較的大きく、発生が進む様子を確認できる。伊豆大島では、春先には宿主1尾に3個体以上が寄生し、卵嚢を有しているのが観察できた。2012年にツブムシ科のハナビラツブムシとして新種記載された。前出のホシノノカンザシと同様、学名の *hoshinoi* は著者のひとり星野に献名されたものである。

ハナダイ類に寄生するカイアシ類	ヒジキムシ科の1種｜Pennellidae sp. 4 mm（卵嚢含まず）｜コウリンハナダイ（上）、ベニハナダイ（下）

鮮やかな体色が人気のハナダイたちであるが、時にはカイアシ類の寄生を受けた個体も観察できる。ヒジキムシ類が背鰭基部に寄生していることが多く、同一魚体に10個体以上が付いていることもある。卵嚢を付けた細長い胴部は、まるで背鰭の棘のようにも見える。本種が、なぜ背鰭だけに寄生するのかは不明である。

| **フグ類に寄生するカイアシ類** | **ヒジキムシ科の1種** | Pennellidae sp. | 4 mm（卵嚢含まず） | シマウミスズメ（上）、ミナミハコフグ（幼魚）（下） |

フグ類には様々な寄生虫が見られるが、これは彼らの動きが鈍いために寄生を受けやすいのかもしれない。2 cm程度のミナミハコフグの幼魚にも寄生が見られ、こうした場合、魚体へのダメージは大きいと思われる。写真に示したシマウミスズメの大きな個体では、頭部や鰭などに10個体以上寄生していた。

| 魚類の眼球に寄生するカイアシ類 | メダマイカリムシ属の1種｜*Phrixocephalus* sp. ｜ 10 mm（卵嚢含まず）｜コクチフサカサゴ |

　メダマイカリムシ類は寄生部位に特徴があり、その名の通り、魚類の眼球に寄生する。体前部をコクチフサカサゴの眼球深くに挿入し、特に頭部には樹根状の多くの突起を有してしっかりと固着している。宿主から露出しているのは胴部とコイル状の卵嚢である。他の寄生性カイアシ類と比べて、体のサイズは約10mmとやや大きい。わが国近海からは、ネズッポ科魚類を中心に数種のメダマイカリムシ類が報告されている。

| 魚類の鰓蓋内面に寄生する
カイアシ類 | **ツブムシ科の1種** ｜ Chondracanthidae sp. ｜ 3 mm ｜ アカイソハゼ |

　アカイソハゼは2cm程の小さなハゼで普通に見かけるが、何かを頬張ったような個体に出会うことがある。よく見ると、鰓蓋内面にカイアシ類が寄生している。形状の確認は外側からは困難である。寄生魚は通年見られ、若魚から成魚にまで幅広く寄生している。雌虫に小さな雄虫がしがみついている。寄生前後で頬の膨らみを比べると、違いは明らかである。両方の鰓蓋に寄生していることも稀ではない。寄生魚のオタフクな表情に愛嬌を感じる。

| 魚類の体表を這い回るカイアシ類 | **ウオジラミ科** \| Caligidae spp. \| 4mm(卵嚢含まず) \| ベンケイハゼ(上)、ヒラメ(下) |

魚類の体表を這い回って寄生するウオジラミ類と呼ばれるカイアシ類がある。多くの魚類に寄生し、害をもたらすことから病害虫として問題となることも多い。伊豆大島では、タカノハダイやヒメジ類に多く見られるが、ベンケイハゼのような小型ハゼ類から体長80cmにも及ぶヒラメなど、様々なサイズの魚に寄生する。海中にはウオジラミ類を食べる魚類や甲殻類が集まるクリーニングステーション(24〜25頁も参照)があり、寄生魚が自ら出向き、虫を取ってもらう光景が見られる。

数百個体も寄生するカイアシ類と遊泳個体

ウオジラミ科 | Caligidae spp. | 4 mm（卵嚢含まず） | ホウライヒメジ（上）、遊泳する個体（下）

　食用となる魚類には多くのウオジラミ類が寄生していることがある。写真に示したホウライヒメジでは、薄黒色をした多数のウオジラミ類が体表を這い回っていた。卵嚢を持った雌も多く見られる。宿主から脱落したのか、時には水中を遊泳するウオジラミ類に出会うこともある。撮影器材を近づけるとレンズなどに付着したことがあった。宿主間を移動することができるのかもしれない。

| ウミウシ類に寄生するカイアシ類 | **スプランクノトロフス科の1種**
Splanchnotrophidae sp. ｜ 5 mm（卵嚢含まず） ｜ ユビウミウシ |

写真のユビウミウシはカイアシ類の寄生を受けているが、どこに寄生しているか分からないであろう。この寄生虫は普段、宿主の体内に全身を収めており、繁殖期にだけ卵嚢を宿主体内から水中に出してくる。写真では、ウミウシの背面にU字形をした円筒状のものがあるが、それが卵嚢（矢印）である。現在、本種の分類学的検討が進められていて、和名や学名はまだ決まっていない。日本近海では、スプランクノトロフス科に属する数種のカイアシ類がウミウシ類に寄生する。

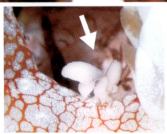

無脊椎動物に宿るカイアシ類

カイアシ類 | Copepoda spp. | 2 mm（卵嚢含まず） | グビジンイソギンチャク（上）、マナマコ（左下）、ヒドロ虫類（右下）

寄生性の種類では魚類に付くものがよく知られているが、無脊椎動物に寄生する種類も多い。伊豆大島では、イソギンチャク類やナマコ類、カイメン類、ヒドロ虫類などの体表面に寄生している。わが国ではそれら無脊椎動物に寄生するカイアシ類の研究はほとんど進んでおらず、ここに示したカイアシ類は名前すら分かっていない。

浮遊するカイアシ類 | **カイアシ類** | Copepoda spp. | 2 mm（卵嚢含まず）

　実は、カイアシ類の多くは浮遊生活を行う動物プランクトンである。カイアシ類という名前は、その脚が「かい（舟を漕ぐオール）」のような形をしていることに由来する。よく見ると、彼らはその脚を巧みに動かして泳いでいる。一般的には水中に浮遊する印象が強いものの、岩の小さな窪みに群れていたり、他の生物に寄り添ったりと、彼らの生活は多様である。海洋生態系で、魚類の餌となるカイアシ類の役割は大きく、沿岸ですくった海水1リットル中に数千個体が見つかることもあるという。

海の宝石、サフィリナ類	サフィリナ・オバトランケオラータ
	Sapphirina ovatolanceolata ǀ 4 mm

暖かい海にすむカイアシ類のひとつ。学名は宝石のサファイアに由来するものであり、正に海の宝石である。雄は水中光を反射する組織を背面に有し、美しく輝く。水中では魚の鱗が舞っているようにも見えるが、自力で遊泳しているのでサフィリナと分かる。ただ、常に反射するわけではなく、透明な体のため通常は見つけにくい。個体や環境によって色彩が異なるため、出会うのが楽しみな生物である。写真に示したのは雄で「ぞうり」のような体形が特徴である。細長い体の雌とは異なる。

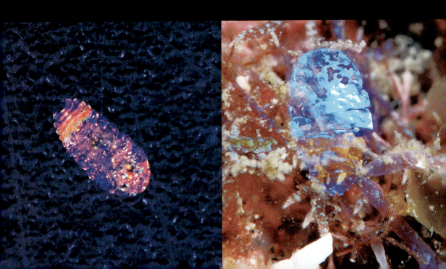

| 底生性カイアシ類 | ソコミジンコ類、スカシソコミジンコ科の1種、スイツキミジンコ科の1種 | Harpacticoida、Peltidiidae sp.、Porcellidiidae sp. | 0.5〜2.5 mm |

海藻上や底生生物の体表面をよく観察すると、ごく小さな生物たちが自由生活を送っている。ソコミジンコたちである。色彩が豊かで、単色の種類から鮮やかな模様を持つ種類まで様々である。形も小判形や卵形、エビ形など変化に富み、海藻やカイメン上を自由に動き回ったり、張り付いたりして生活している。

コラム① 共生か寄生か

　ある生物が他の生物に危害を与える場合を「寄生」、お互いの生物が利益を得ることを「相利共生」、片方の生物だけが利益を得ることを「片利共生」と呼ぶ。しかし、これらを厳密に区別することは相当難しい。そこで最近は、生物がともに寄り添っている現象をまず「共生」と呼ぶことにし、「寄生」はそのなかの特殊な例であると考えられるようになってきた。

　本書で紹介している魚の体表に寄生しているカイアシ類は表皮をかじり取って食べており、この仲間は水産養殖の現場でもしばしば問題を引き起こす。また、ヒル類は明らかに宿主から血を吸っている。こうした生物は、確かに寄生生物である。しかし、フィールドで小さな生物が魚類等の体表に見られたからと言って、それらをすぐに寄生生物であると判断することは難しい。それらがたまたま付いた可能性や、非寄生性の種類であることも考えられる。この時点では、単に付着生物と言ったほうが無難であるかもしれない。

　ある生物が他生物に寄り添って生活する利点として、例えば、宿主が刺胞動物ならば外敵が近寄らないために安全であったり、宿主の捕食行動に便乗したりすることが考えられる。自然界で生き残るために、ある生物が自分より大きくて強い生物に寄り添って生活するのは当然であり、伊豆大島でも頻繁に見られる。普通、寄り添う生物はとても小さくて弱く、色々な手段を用いて、宿主とともに生活している。

　研究者には寄生と共生に関して色々な意見があるようである。しかし、フィールドにおいては、生物間の関係を寄生や共生といった先入観を持たずに観察することが大切である。目の前の小さな生物たちが多様な生活を送っていることを素直に観察することが重要で、このことが次の観察と理解に繋がる。私は、今後も伊豆大島で「寄り添って生活する生物たち」をしっかり観察していきたいと思っている。（星野　修）

ヘビギンポの頭部背面に付いているカイアシ類

寄生虫を食べてくれるクリーナーたち①

　海中にはクリーニングステーションと呼ばれる場所があり、魚類に付いている寄生虫を餌とする生物（魚類や甲殻類）が棲んでいる。本書で紹介する体表寄生性のウオジラミ類やウオビル類、口腔内寄生性のウオノエ類などの寄生を受けた魚たちが入れ替わり集まってくる。言わば、人気のエステサロンのようなものである。ステーションは、様々な訪問者とクリーナーで常に賑わっている。

タカノハダイをクリーニングするヒメギンポ

ミサキウバウオ

ベンケイハゼ

寄生虫を食べてくれるクリーナーたち②

　クリーニングステーションを訪れた魚たちはクリーナーが寄生虫を食べてくれるのを待ち、時には催促するような行動もする。どのクリーナーにお願いするか、魚たちは認識しているのかもしれない。訪れた魚たちは、クリーナーのエビ類や小型魚を捕食しようとはしない。自分に有益な生物と分かっているようである。

ホウライヒメジをクリーニングするホンソメワケベラ

コケウツボをクリーニングするクリアクリーナーシュリンプ

キンギョハナダイをクリーニングするアカシマシラヒゲエビ

| 魚類の口腔に寄生するウオノエ類① | **ウオノエ科の1種** ｜ Cymothoidae sp. ｜ 6 mm ｜ クマノミ（幼魚） |

人気のクマノミだが、2.5cm程の幼魚にウオノエ類が既に寄生していた。クマノミの口は半開きで、うまく閉じることができない。このため、クマノミは餌取りを阻害されている可能性もある。本書で紹介するウオノエ類はまだ幼体で種の同定はできないが、成長の過程で宿主に寄生したと思われる。ウオノエ類は性転換することが知られており、先に寄生した個体が成体で雌になるという。

魚類の口腔に寄生するウオノエ類② | ウオノエ科の1種 | Cymothoidae sp.
7 mm | ソラスズメダイ

写真に示したように、宿主の口中からウオノエ類がこちらを見ているように感じる。伊豆大島では、2 cm 程度から数十 cm を超えるものまで、様々な魚にウオノエ類が寄生している。魚の口が不自然に開いた個体は寄生を受けている場合がある。ウオノエ類は頭部を宿主の正面に向けていることが多いものの、横に向いた個体や口腔内で回る姿も見たことがある。

コケギンポ類に寄生する ウオノエ類の幼体

ウオノエ科の1種 | Cymothoidae sp. | 6 mm | チシオコケギンポ

　全長5cm程の小さなチシオコケギンポに寄生していた。大きく口を開けた宿主の舌上に小さなウオノエ類を見ることができた。チシオコケギンポは、巣穴から顔を出して威嚇や摂餌のために頻繁に口を開けるが、寄生を受けた個体は餌生物の捕食が困難なのか、しばしば頭部を大きく振り、嫌がっているように見えた。このウオノエ類の同定は済んでおらず、今後の研究課題である。

魚類の体表に寄生するウオノエ類

ウオノエ科 | Cymothoidae spp. | 6 mm | イワシ類（幼魚）（上）、ソラスズメダイ（左下）、メバル類（幼魚）（右下）

　水温がやや上がり始めた4月、伊豆大島の海面近くでは、メバル類やイワシ類が数百尾にもなる群れを作っている。どれも5cmにも満たない幼魚で、よく観察してみると、ウオノエ類の寄生を受けた個体が交じっている。ソラスズメダイでは体の様々な部位に寄生しており、メバル類では鰓蓋下部や腹部についていることが多い。寄生を受けた幼魚たちは動きが鈍く、群れから離れることもあり、外敵から身を守るのが大変である。

| ベニハゼ類に寄生する
ウオノエ類の幼体 | **ウオノエ科** ｜ Cymothoidae sp./spp. ｜
5 mm ｜イチモンジハゼ（上）、オキナワベニハゼ（下） |

　成魚でも3cm程度にしかならない小さなベニハゼたちにも稀に寄生する。もちろんウオノエ類自身も小さく、他魚種に寄生する種と同じかどうかは分からない。小型魚に見られるウオノエ類は幼体であることが多く、標本を得ても同定は困難である。イチモンジハゼに寄生していた個体は口腔内で自由に動いていたが、宿主の口周辺が傷ついていたので、宿主に病害を与えているのかもしれない。このハゼの背頭部には、卵嚢を持たないホシノノカンザシも寄生していた。

| 宿主を求め遊泳するウオノエ類の幼体 | ウオノエ科 | Cymothoidae spp. | 3～10 mm |

ウオノエ類の子供は親虫から離れたあと「マンカ幼体」と呼ばれ、宿主を探すため水中を遊泳する。脚を巧みに動かして、ホバリングするように泳ぐ。遊泳個体は水面下から数十mの水深まで見られ、数m四方で10個体以上のマンカ幼体が遊泳するのを観察したこともある。多くの場合、体サイズは数mm程度であるが、1cm近いものもあり、形態の異なった色鮮やかな個体にも出会う。

ヘビギンポ類に寄生する
ムツボシウミクワガタ①

ムツボシウミクワガタ |
Gnathia trimaculata | 2〜3 mm（幼体）、9 mm（雄成体）| ヒメギンポの頭部（上）、腹鰭（上）、胸鰭（上、下）に寄生する個体

　ヘビギンポ類の鰭をよく見ると、白い粒が沢山付いているのに気づく。ワラジムシ類のムツボシウミクワガタの幼体である。本種は孵化後，魚類に寄生するが、脱皮前に魚類から離れ、その後再び寄生する。このため、写真に示したように、魚体上には大きさの異なる幼体が混在している。吸血した幼体は再び脱皮するために宿主から離れた後、最後はエイ類やサメ類などの軟骨魚類に寄生して成体となる。その後、成体は海底に移って繁殖を行う（生活史の詳細はコラム④を参照）。

(Ota et al. [2012] より転載)

ヘビギンポ類に寄生する ムツボシウミクワガタ②

ムツボシウミクワガタ
Gnathia trimaculata ｜ヘビギンポの尻鰭に寄生する幼体（上）、軟骨魚類を探して遊泳する幼体（左下）、雄成体（右下）

　海中で魚体上の小さなウミクワガタ類を探すのは困難であるが、一度寄生に気がつくと次々と見つけることができる。胸鰭への寄生が目立つものの、腹鰭や尻鰭にも多く見られる。ヘビギンポ類から離れた幼体は3〜7日後に脱皮を行って成長する。軟骨魚類を探している幼体は泳ぎがうまいとは決して言えないが、伊豆大島では中層を遊泳する彼らに高率に遭遇する。体側にある茶色の縁取りが大きな特徴で、大きな生物に寄生したいのか素早く寄ってくる。

（撮影　太田悠造氏）

| エビヤドリムシ類の幼体 | **エビヤドリムシ科の1種** | Bopyridae sp. | 2 mm | ホンカクレエビ類に寄生したクリプトニスクス幼体（上）、クリプトニスクス幼体の顕微鏡写真（下） |

　エビヤドリムシ類もワラジムシ類に属しているが、その生活史は特殊である。孵化したエピカリディア幼生が浮遊生活を経てカイアシ類など小型甲殻類に寄生を始め、ミクロニスクス期からクリプトニスクス期に成長する。その後、これら中間宿主から離れ、終宿主のエビ類に寄生し、成体となる。伊豆大島では、クダヤギにすむホンカクレエビ類の背部にクリプトニスクス幼体が寄生するのを観察できた。この幼体が今後どのように寄生生活して成長するのかは、まだ明らかになっていない。

| アカホシカクレノコシヤドリ | **アカホシカクレノコシヤドリ** \|
Izuohshimaphryxus hoshinoi \| 2.5 mm \|
寄生を受けたアカホシカクレエビ（上）、
寄生状態の拡大写真（下） |

　この寄生虫は、その名前の通り、アカホシカクレエビの腹部背面に寄生する。2015年に新属・新種として記載された。論文のもとになった標本は、著者のひとり星野が伊豆大島で採集したものであり、学名にそのことが反映されている。宿主の背面に寄生しているので容易に確認できるが、本種の成長や繁殖などについては何も分かっていない。

アミヤドリムシ類と雌雄の生活様式

アミヤドリムシ科の1種 | Dajidae sp. | 2 mm | ヤドリアミ属の1種に寄生する雌、左下の宿主に寄生する雌側面に雄がいる

　砂地のイソギンチャク類には全長4mm程のヤドリアミ類が生息しており、多い時には10個体以上が集まっている。それらを観察すると、「丸い団子」を背負ったような個体がいた。この団子の正体がアミヤドリムシ類である。その大きさは約2mm。慣れると次々に見つけることができる。団子状の個体は雌で、雄は雌の体にしがみついている。当初、雄は動かないものと思っていたが、雌の内側から離れた雄が宿主の体表を歩き回り、再び雌の内側に戻ったのには驚いた。

様々なアミヤドリムシ類

アミヤドリムシ科、Dajidae spp.、2 mm、ヤドリアミ属の1種に寄生する雌（上）、その雌上に雄がいる（右上）｜**ヒメオオメアミに寄生するアミヤドリムシ類の1種**、*Aspidophryxus* sp.（左下）、**未同定アミ類に寄生するアミヤドリムシ類**（右下）

　アミヤドリムシ類の生態には未知な部分が多い。しかし、長く観察を続けていると、ヤドリアミ類がすむイソギンチャク類付近にクリプトニスクス幼体がいることが分かってきた。また、宿主は異なるがヒメオオメアミは遊泳性で、岩陰などに10個体程集まっていることが多い。そのうちの1個体が「団子」を背負っているのを見つけたが、初めはそれがアミヤドリムシ類とは思いもよらなかった。

ニジギンポに寄生するヒル類

ウオビル科の1種 | Piscicolidae sp. | 5 mm | ニジギンポ

　見慣れた魚たちの体表や鰓腔にヒル類が寄生していることがある。大きさも色合いも様々である。伊豆大島のニジギンポに20個体以上のウオビル類が寄生していたことがあった。このヒルは黒色の縞模様を持つことが特徴である。わが国では、このヒルの分類学的研究がまだ行われていない。同一種か近縁種が、オーストラリアのグレートバリアリーフにすむイソギンポ類から知られている。

築地書館ニュース｜自然科学と環境

TSUKIJI-SHOKAN News Letter

〒104-0045 東京都中央区築地7-4-4-201　TEL 03-3542-3731　FAX 03-3541-5799

ホームページ http://www.tsukiji-shokan.co.jp/

◎ご注文は、お近くの書店または直接上記宛先まで（発送料230円）

古紙100％再生紙、大豆インキ使用

《生き物の本》

生物界をつくった微生物

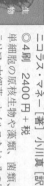

◎4刷　2400円＋税

ニコラス・マネー［著］小川真［訳］

単細胞の原核生物や藻類、菌類、バクテリア、古細菌、ウイルスなど、その際立った働きを紹介しながら、驚くべき生物の世界へ導く。

鳥の不思議な生活

ノア・ストリッカー［著］片岡夏実［訳］

2400円＋税

ハチドリのジェットエンジン、ニワトリの三角関係、全米鷹匠力チャンピオンVSホシムクドリノア・ストリッカー［著］片岡夏実［訳］

鳥類観察のため南極から熱帯雨林へと旅する著者が、鳥の不思議な生活と能力の研究成果を、自らの観察を交えて描く。

日本の白亜紀・恐竜図鑑

宇都宮聡＋川崎悟司［著］

2200円＋税

白亜紀の日本の海で！陸で！活躍、躍動した動物たち。発掘された化石・研究

ムササビ　空飛ぶ座ぶとん

川道武男［著］　2300円＋税

山地から都市近郊の社寺林にも生息し、夜の森を滑空するムササビ。一頭のメス

《植物・環境の本》

樹は語る
芽生え・熊棚・空飛ぶ果実
清和研二［著］ ②2刷 2400円＋税
森をつくる12種の樹木の生活史を、繊密なイラストを交えて紹介。

カンナビノイドの科学
大麻の医療・福祉・産業への利用
佐藤均（昭和大学薬学部教授）［監修］
日本臨床カンナビノイド学会［編］ 3000円＋税
大麻草が含む生理活性物質を解説。

大麻草と文明
J.ヘラー［著］ J.E.インヴリング［訳］
2700円＋税
栽培作物として華々しい経歴と能力をもった植物・大麻草の正しい知識を得る一冊。

柑橘類と文明
マフィアを生んだシチリアレモンから、ノーベル賞をもたらした柑橘栽培まで
H.アトレー［著］ 三木直子［訳］ 2700円＋税
ヨーロッパ文化に豊かな残響を届け続ける柑橘類の文明史、年代記。ルンゴ1577

大豆農家の大革命
アメリカ有機農業の奇跡
リズ・カーライル［著］ 三木直子［訳］
2700円＋税
大規模単一栽培農業と決別した有機農家たちの、レンズ豆によるフードシステム革命。

原子力と人間の歴史
ドイツ原子力産業の興亡と自然エネルギー
ヨアヒム・ラートカウ＋ローター・ハーン［著］
山縣光晶ほか［訳］ 5500円＋税
政治、社会、科学、技術を横断して描く。

木材と文明
ヨアヒム・ラートカウ［著］ 山縣光晶［訳］
◎3刷 3200円＋税
ヨーロッパにおける木材とそれを取り巻く社会を、環境歴史学者が紐解く。

ナチスと自然保護
景観美・アウトバーン・森林と狩猟
フランク・ユケッター［著］ 和田佐規子［訳］
3600円＋税

先生、洞窟でコウモリとアナグマが同居しています！

雌やぎばかりのヤギ部で、なんと新入りのイガが出産。スズメバチがツバメの巣を乗っとり、教授は巨大ミミズに追いかけられて……。自然豊かな大学を舞台に起こる動物と人間をめぐる事件を人間動物行動学の視点で描く、シリーズ第9弾。

先生、ブラジルシシがキャンプに侵入しています！
先生、大型野獣がキャンプに入ってください！
先生、モモンガがヤギに縄張り宣言しています！
先生、キジがヤギに縄張り宣言しています！
先生、カエルが脱皮してその皮を食べています！
先生、ヒナがイチゴを攻撃しています！
先生、シマリスがヘビの頭をかじっています！
先生、巨大コウモリが廊下を飛んでいます！

小林朋道［著］　各1600円＋税

ホームページ：http://www.tsukiji-shokan.co.jp/

地底　地球深部探求の歴史

D・ホワイトハウス［著］江口あとか［訳］
2700円＋税

地球と宇宙、生命進化の謎が詰まった地表から地球内核まで、6000kmの探求の旅。

日本の土　地質学が明かす黒土と縄文文化

山野井徹［著］　◎3刷　2300円＋税

火山灰土とされた黒土は縄文人が作り出した文化遺産だった。表土の形成を知る。

農で起業する！脱サラ農業のススメ

杉山経昌［著］　◎27刷　1800円＋税

農業ほどクリエイティヴで楽しい仕事はない！外資系サラリーマンから転じた専業農家が書いた本。

土の文明史

D.モントゴメリー［著］片岡夏実［訳］◎8刷　2800円＋税

ローマ帝国、マヤ文明を滅ぼし、米国、中国を衰退させる土の問題。土から歴史を見ることで、社会に大変動を引き起こす土と人類の関係を解き明かす。

価格は、本体価格に別途消費税がかかります。価格・刷数は2016年2月現在のものです。

海の極限生物

S. パルンビ + A. パルンビ [著]
片岡夏実 [訳] 大森信 [監修] 3200円+税

極限環境で繁栄する海の生き物たちの生存戦略を、アメリカを代表する海洋生物学者とサイエンスライターが解説。

ミツバチの会議

トーマス・シーリー [著] 片岡夏実 [訳]
◎5刷 2800円+税

なぜ常に最良の意思決定ができるのか。新しい巣の選定は群れの生死にかかわる。ミツバチたちが行なう民主的な意思決定プロセスとは。

お皿の上の生物学

小倉明彦 [著] 1800円+税

阪大出前講座！解剖学、生化学から歴史まで、身近な料理・食材で語る科学エンターテインメント。

味・色・香り・温度・食器……。

《食を楽しむ本》

ネコ学入門 猫言語・幼猫体験・尿スプレー

クレア・ベサント [著] 三木直子 [訳]
◎6刷 2000円+税

群れをなさない動物、猫が持つ、他の動物とのコミュニケーション手段とは、猫の心理と行動の背後にある原理を丁寧に解説。

犬と人の生物学 夢・ララ術・音楽・超能力

スタンレー・コレン [著] 三木直子 [訳]
◎3刷 2200円+税

犬の行動について研究している心理学者が、犬の不思議な行動や知的活動を、人間と比較しながら解き明かす。

天然発酵の世界

サンダー・E・キャッツ [著] きはらちあき [訳]
2400円+税

時代と空間を超えて受け継がれる発酵食。100種近い世界各地の発酵食と作り方を紹介。その奥深さと味わいを楽しむ。

価格は、本体価格に別途消費税がかかります。ご請求は小社営業部 (tel03-3542-3731 fax03-3541-5799) まで

総合図書目録進呈します。刷数は2016年2月現在のものです。

| 様々な魚類に寄生するヒル類 | **ウオビル科** ǀ Piscicolidae spp. ǀ 5mm ǀ イソカサゴ（上）、ヒラメ（左下）、ハオコゼ（右下） |

　イソカサゴに寄生しているウオビル類は胸鰭上を自由に動いている。宿主から吸血したり、岩盤に降りたり、「シャクトリムシ」のように移動する。また、ヒラメの尾鰭に寄生するウオビル類を見ることも多く、緑色をした個体が多数寄生している。このほか、ハオコゼの体側面にウオビル類が寄生していることもある。

コラム② 寄生生物の撮影テクニック

　水中生物の撮影は、生物は勿論、波や水深、呼吸用空気の制限など、様々な要素が重なって思い通りにいかないことが多い。

　特に本書で紹介する生物たちは1cmに満たないものも多く、マクロレンズやテレコンバータなどの器材が必用になってくる。必然的に被写界深度*は浅くなり、撮影がより難しくなる。アミヤドリムシ類を例に用いると、宿主の全長は約4mm、アミヤドリムシ類の全長は約1.5mmである。私の器材の被写界深度は0.2mm以下であり、アミヤドリムシ類の全身を写すことはとても困難である。通常、生物の撮影は被写体の眼に焦点を合わせるが、寄生生物の場合は、ふたつの生物に焦点を合わせる必要がある。ここに示した図では、上から、宿主であるアミ類の眼、アミヤドリムシ類の雌、アミヤドリムシ類の雄、の3点に焦点を合わせる必要があり、レンズから3点までの距離が一緒でないと焦点は合わない。「三脚」を使って撮影することを想像していただければ良いが、長さにかかわらず同長の脚があれば、必然的に撮影する方向を決定することができる。ただし、焦点の固定には技術が必要で、腕を距離棒にするなどの工夫をして、しっかりとカメラを固定することが大切である。

　また、被写体の「大きさ」をできるだけ正確に知ることも重要である。上でアミヤドリムシ類の全長を1.5mmと書いたが、これは推定値ではない。クローズアップレンズを用いる場合、焦点を最短・最遠にして、水中でスケールを撮影しておく。準備はこれだけであるが、最短距離で撮影した被写体をスケール画像と重ねれば、かなりの精度で生物の大きさを知ることができる。

　私自身は、1.5mmの大きさまでは肉眼で確認できるが、0.5mmのものは確認できない。（星野　修）

＊被写界深度：焦点が合っているように見える距離範囲のこと。

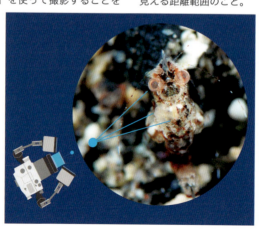

アカヒトデに寄生する貝類

アカヒトデヤドリニナ | *Stilifer akahitode* | 10 mm | アカヒトデ

　ハナゴウナ科に属する寄生性巻貝である。アカヒトデの腕内に寄生している。寄生率も高い。どこに寄生しているかは、ヒトデの腕がこぶ状に膨らんでいることで簡単に分かる。膨らみの中央が開口していて、貝の殻頂部が見える。ヒトデの腕内で貝殻は宿主組織に包まれ、同じヒトデに複数個体が寄生していることもある。

ウニ類に寄生する貝類

キンイロセトモノガイ、*Vitreolina aurata*、5 mm、バフンウニ（上）、アカウニ（中）｜ **イイジマフクロウニヤドリニナ**、*Echineulima tokii*、10 mm、イイジマフクロウニ（下）

　岩陰や転石下に生息するウニ類にもハナゴウナ科貝類が寄生する。ウニ類を丁寧に観察していくと、意外と頻繁に出会える。バフンウニによく寄生しているが、アカウニにも見られる。伊豆大島では、イイジマフクロウニヤドリニナがイイジマフクロウニの体表に産卵している姿を見ることができる。白色の貝殻で目立つと思われるが、ウニの棘に強い毒性があるため、敢えて身を隠す必要がないのかもしれない。

トゲトサカ類に宿る貝類

シロオビコダマウサギ
Prionovolva brevis | 5〜20 mm | トゲトサカ類

　トゲトサカ類に宿るウミウサギガイの仲間である。寄生と書くと異論もあろうから、片利共生と言うほうが無難かもしれない。数種の貝が一緒に付着していることも多く、それぞれがトゲトサカのポリプなどに似せた模様をもちカムフラージュしている。摂餌については不明だが、多数の付着によって宿主が死んでしまうことも多く、彼らが何らかの影響を及ぼしているのは確かであろう。

ケヤリムシの棲管上にすむ貝類

サワラビガイ | *Separatista helicoides* | 20 mm | ケヤリムシ

地味な巻貝であるが、ケヤリムシの棲管上に棲んでいるのが特徴である。1つの棲管に2個体以上が付着していることも多く、動くことはほとんどない。写真に示したように、棲管上に玉状でピンク色をした卵嚢を産み付ける。ここは、ケヤリムシが捕える餌のおこぼれを貰うのに都合が良い場所かもしれない。

コラム③　アマチュア研究者に分類学のススメ

　私は小型甲殻類の奇抜な形態に魅せられ、それらの分類学的研究を進めている。岩礁海岸などで見られるヨコエビ類などは、何とも言えぬ独特な様相で、大変興味を惹かれる。藻場に多産するワレカラ類も、カマキリともナナフシとも似つかず、本当に風変わりな甲殻類である。私の学生時代には、それら小型甲殻類を調べる図鑑はほとんどなく、数少ない図鑑に該当種がなければ、種の同定はほぼお手上げであった。しかし、そういった状況がかえって探究心に火をつけ、「知りたい」という欲求から、分類学的研究を続けてきた。

　図鑑で分からない生物を調べるには、あるレベルからは、専門の学術論文を調べなければならない。学生の頃、私は大学図書館に通って論文の収集に努めたものである。そういった地道な活動が私の分類学的感性を育んできたとは必ずしも言えないかもしれないが、昨今、私がかつて図書館で必死にコピーした論文が容易に入手できるようになり、きわめて便利な世の中となった。

　分類学的研究には、機材がある程度必要である。私は社会人１年目にボーナスをはたいて、生物顕微鏡と実体顕微鏡を買い求めた。当時交際していた彼女からはかなり非難されたが、それらは今も現役であり、独身時代に揃えた判断は間違いではなかったと、今でも確信している。

　小型甲殻類に限らず、海中には未知の小さな生き物がたくさんいる。この情報化の世にあって、人知を超えた（？）動植物がたくさん存在しているのである。もしそういった生き物に出会ったら、是非ご自身で調べてみていただきたい。その調査にのめりこんだとき、あなたも立派な分類学者となっていることと思う。そういった研究者の出現を待っている。
（齋藤暢宏）

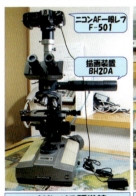

オリンパス顕微鏡 BHB Tr

オリンパス実体顕微鏡 X-II

コラム④　ムツボシウミクワガタの生活史

　寄生生物は、いくつかの異なった種類の生物を利用して、生活史を完結するものも少なくない。ここでは、ムツボシウミクワガタを例に用いて、寄生生物の生活史の一端を紹介する。

　卵から孵化した1令幼生は、まずヘビギンポ類（全長約5cm）の鰭や体表に寄生して、その体液を吸って成長する。このときに要する寄生期間は数日から1週間程度である。栄養を十分蓄えた1令幼生は、ヘビギンポ類から離れたあと海底に移動して数日後には脱皮し、2令幼生に成長する。興味深いことに、この2令幼生は別の魚種ではなく、再びヘビギンポ類に寄生する。このため、ヘビギンポ類の体表や鰭には混在する1令幼生と2令幼生を見ることができる。

　ヘビギンポ類に戻り、再び、栄養源の体液をたらふく吸った2令幼生は赤く、体形が丸く太くなっている。この段階に達した2令幼生は、その後、ヘビギンポ類から離れて海底に移動して脱皮し、終令幼生となる。この幼生は泳ぐことができ、伊豆大島では水深15m付近までの中層で頻繁に観察される。背面の左右が茶色く縁取られていることが大きな形態学的特徴であり、ムツボシウミクワガタであることを容易に確認することができる。

　ただ、ここに至っても終令幼生はまだ幼生の一段階に過ぎない。彼らは、更なる宿主を探す必要がある。サメ類やエイ類など軟骨魚類である。しかし、残念なことに、これ以降を水中観察することは難しい。軟骨魚類に寄生した彼らは吸血後、宿主から離脱・脱皮して成体となる。カイメン類の内部や海底のどこかで自由生活を送りながら、餌を取ることなく繁殖行動を行い、生涯を終えることが知られている。（星野　修）

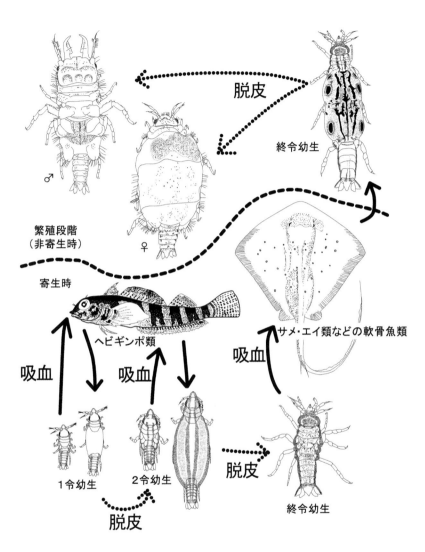

(作図:太田悠造氏:Ota et al. [2012] を改変)

カイメン類に宿るゴカイ類 | ポリドレラ・ダウィドフィ
Polydorella dawydoffi | 3.5 mm | カイメン類

　2014年に日本初記録種として報告されたスピオ科の多毛類である。本種と近縁種が南シナ海やフィリピン周辺など暖海から記録されており、各種カイメン類の表面に生息する。本種は多いときには1箇所に数百個体が集まり、ほぼ周年観察できる。棲管は2.5mm程で、通常、開口部から体前端や触手を出している。

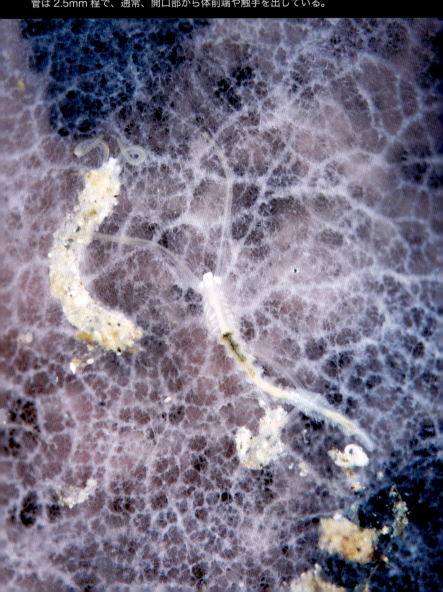

無性生殖するゴカイ類	ポリドレラ・ダウィドフィ
	Polydorella dawydoffi ｜ 3.5 mm ｜ カイメン類

　本種で興味深いのはその繁殖様式で、無性生殖を行う。写真（下）は、棲管から出た個体で、体の前半部と後半部が分裂しようとしている。この後半の分裂体はストロンと呼ばれる。伊豆大島では複数のカイメン類に見られ、ハネハリカイメンに多数付着して、その呼吸と摂餌を阻害した事例が知られている。

（山田・星野［2014］より転載）

ホヤ類に宿るゴカイ類①	スピオ科の1種	Spionidae sp.
	8 mm	ホヤ類

　ホヤ類の体表に棲管を作って生活している生物の正体は、ゴカイの仲間、スピオ科の1種である。当初、うまく見つけられなかったが、慣れてくると次々と見つけることができる。ただ、その本体を見ることはできない。棲管からは触手を長く伸ばしているだけである。危険が迫ると、その触手も隠してしまう。

ホヤ類に宿るゴカイ類②	スピオ科の1種	Spionidae sp.
	8 mm	ホヤ類

通常、このスピオ類は棲管内で生活しているが、偶然、棲管から出てきた個体に出会うことができた（写真下）。全身が黄色で、体節を不鮮明ながらも確認することができた。ホヤ類にとって利益はないと思われるが、逆に影響も少ないのかもしれない。棲み場所を提供しているだけなら片利共生なのだろう。彼らがどのようにホヤ類を見つけ生活を始めるのか、今後の研究課題である。

海のドラゴン、カサネシリス

カサネシリス | *Amblyosyllis speciosa* | 30 mm

ゴカイ類のなかで色彩・形態ともに最も印象深いのが本種である。普段は転石の下に隠れて自由生活を送っているが、石を裏返すと、触手を盛んに動かして逃げ回る。本種には幾つかの体色変異が知られており、写真に示した個体は背面中心に白線があるのが特徴である。太く短い体で、背触手の先端が巻いていて、赤い眼も愛らしい。

ゴカイ類の生殖行動

シリス科の1種 | Syllidae sp. | 3 mm

　春の伊豆大島、水温が高くなってきた頃、岩礁域の水深5m付近では、黄色い卵のようなものが集まって浮遊している。近寄って観察してみると、どの個体も同じ方を向いて浮いている。大変不思議な光景だが、実は、これはゴカイの仲間であるシリス類が多数集合し、生殖のために体後部を切り離し、それらが浮遊しているのである。ゴカイ類は釣り餌として一般には馴染み深い生物であるが、その生態や生殖行動には未知の部分が多い。

ウミケムシ類とウロコムシ類

フタスジウミケムシ、*Chloeia fusca*、30 mm（上） | **コンボウウロコムシ**、*Medioantenna clavata*、20 mm（下）

外観から毛虫を想像させるが彼らもゴカイの仲間である。ウミケムシ類は120種程のグループで、伊豆大島では様々な水深帯に見られる。フタスジウミケムシは背面に2本の暗色縦線があるのが特徴で、写真の個体は砂溜りに手を入れると出てきた。ウミケムシ類の剛毛に毒液が詰まっている種もあると聞くが、本種については分からない。陸上生物であれば、絶対に手の上には乗せられない程、毒々しい。

ウロコムシ類

マダラウロコムシ、*Harmothoe imbricata*、20 mm（上） | ハンモンウロコムシ、*Harmothoe spinifera*、20 mm（中） | トゲウロコムシ、*Iphione muricata*、10 mm（下）

　ゴカイ類のなかでも特徴的な形態を持つのがウロコムシ類である。背面は名前の通り背鱗に覆われている。潮間帯など浅海域に多く生息し、刺胞動物や棘皮動物などを宿主とするものや、潮間帯や転石下に隠れて自由生活を送る種など様々である。マダラウロコムシは背鱗が15対であることで同定できるが、若い個体はそれより少ないこともあり、同定には注意が必要である。水深約10 mの水底に棲む世界的な共通種であるが、赤色の個体は珍しい。

| 卵を持ち歩き守る雄、ウミグモ類① | **ウミグモ類の1種** ｜ Pantopoda sp. ｜ 6 mm ｜ 卵塊を担卵肢(たんらんし)に付着させて移動する雄 |

水温が緩んできた4月、岩礁域の数cm四方の窪みに、10個体程のウミグモたちが集まっているのに出会った。数日後に卵を持った雄個体を確認できた。卵は2つの塊となり、左右の脚にひとつずつ持っていた。

卵を持ち歩き守る雄、ウミグモ類②

ウミグモ類 | Pantopoda sp./spp. | 6 mm | 孵化した幼体と雄成体（上）、トゲトサカ上の個体（下）

　ウミグモ類は担卵肢と呼ばれる脚を持ち、雄は粘着物質で塊にした卵をこの脚に付着させて移動する。1卵塊あたりの卵数は約20個である。卵は数日で孵化し、雄親は幼体を抱えていた。この産卵と孵化を8月まで繰り返し観察できた。

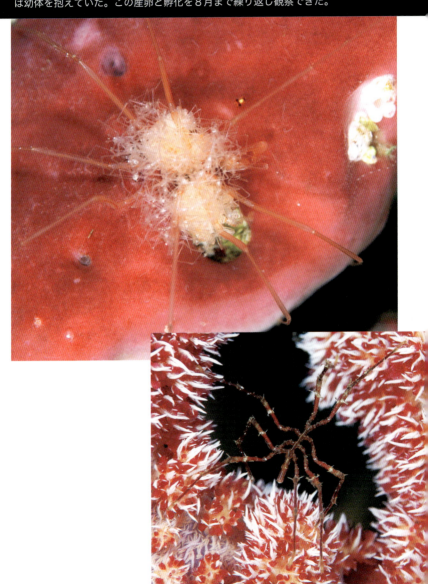

海のナナフシ、オニナナフシ類 | オニナナフシ科の1種
Arcturidae sp. | 8 mm

ナナフシという名ではあるが海産のワラジムシ類である。胴部が長く、昆虫類のナナフシに似るところから、この名前がつけられたようである。普段は砂地上に見られるが、多少は遊泳を行うこともできる。胸脚は7対で、後側3対の脚のみが歩行用。移動や捕食時には立ち上がり、長い髭を有する顎を開いて、餌を捕らえる（次頁右下）。

（星野・齋藤［2016］より転載）

オニナナフシ類の保育

オニナナフシ科の1種
Arcturidae sp. | 8mm

フィールドで出会うことの少ないオニナナフシ類だが、以前より知られていた保育行動を偶然観察することができた。その様子は興味深く、親は約10個体の幼体を触角上に並べていた。その後、幼体を砂地に降ろし、まるで遊ばせているようであったが、観察者が近くにいたためか、親は触角を用いて幼体を再び触角上に移して、子守行動を再開した。

海のワラジムシ類①

ニホンコツブムシ、*Cymodoce japonica*、5〜15mm（上、左下） | **ヒラタウミセミ**、*Leptosphaeroma gottschei*、3〜8mm（右下）

ニホンコツブムシは、磯の転石下や砂溜りに見られるコツブムシの仲間。フジツボ内などにも隠れている。個体数の多い普通種。色彩は白、茶色、黒、縞模様など個体によって様々である。ヒラタウミセミも潮間帯以深の転石の下に普通に見られる。体は厚みを感じないほど扁平で、ストレスを感じると洋菓子のワッフルのように「二つ折り」になって身を守る。ダンゴムシのように丸くなれないのがユニーク。

海のワラジムシ類②

ヒラタウミミズムシ属の1種、*Joeropsis* sp.、7 mm（左上） | **ウミミズムシ属の1種**、*Ianiropsis* sp.、3 mm（右上） | **ナガレモヘラムシ**、*Idotea metallica*、25 mm（左下） | **ホソヘラムシ属の1種**、*Cleantoides* sp.、10 mm（右下）

　ヒラタウミミズムシ属の1種とウミミズムシ属の1種は、ともに潮干帯以深の石の下に普通に見られる。前者は体形がやや細長く、ウミミズムシ類の中では大型。色彩がはっきりしているため見つけやすい。ウミミズムシ属の1種は細長で小型。ナガレモヘラムシは、生態が特殊で流れ藻に付くヘラムシ類。大型で体色は海藻に似る。ホソヘラムシ属の1種は砂地に生息するヘラムシの仲間。細長い貝殻の破片で棲管を作り、またゴカイの棲管なども利用する。

| ハマダンゴムシ | ハマダンゴムシ \| *Tylos granuliferus* \| 12 mm |

海岸の砂浜に生息するダンゴムシ類である。日本各地に見られ、夜行性で昼間は砂浜の石や流木の下、砂中30cm程の深さに隠れている。彼らは多彩な体色を示し、グレイ、白、青、緑、オレンジなどが入り交じる。体長は最大15mm程。年や季節によって個体数が大きく変化するようである。海岸に打ち上げられた海藻や魚、小型生物の死骸などを食べる浜辺のクリーナー的存在である。

| ヒメオオメアミの体色変異 | ヒメオオメアミ ｜ *Idiomysis japonica* ｜ 4 mm |

　浅海の岩陰に数個体集まって遊泳するアミ類の1種。大きな眼が愛らしく、S字状に湾曲した体がユーモラス。体色の変異が著しく、黄色やオレンジ、緑、ピンク、まだら模様など多彩である。普通は同じ体色の個体で群れをなすが、ときに別色の個体が交じることもある。稀にアミヤドリムシ類など寄生虫を背負った個体が観察できる。

ホソツツムシ類の棲み家

エラホソツツムシ | *Cerapus erae* |
5 mm | 威嚇や求愛する成体の周りには若い個体も多い（上）、棲管から体を乗り出す個体（左下）、全身（右下）

　砂地の海底から直立した管がいくつも見られることがある。その長さは1cm超から、小さなものまで様々。ホソツツムシ類が作った棲管である。本種は普段、棲管の縁から触角や頭部を出しているが、何か刺激があるとすぐに中に隠れる。棲管ごと移動して他の生物に乗ったり、求愛や喧嘩と思える行動も見られ、ユニークで飽きない。文献によれば、棲管に入ったまま泳ぐこともあるという。

ヤドカリモドキ類	セファロエセテス属の１種
	Cephaloecetes sp. ｜ 4 mm ｜砂を固めた巣に入って移動する（上）、全身を見ることは稀、短時間で巣を作り上げる（下）

砂泥底に棲むヨコエビ類である。彼らは砂粒や貝殻の破片、小さな貝類など砂地にあるものを材料に用いて棲管を作る。1個ずつ材料を掴んでは次の材料と繋げていき、1分間もあればしっかりとした棲管を完成させる。移動も独特で、棲管から身を乗り出した反動を使って後ろへ跳ぶ。ただ、跳ぶと言っても棲管は砂粒の塊なので、1回で2〜3cm程度が限度である。多くの個体が集まると、砂底全体がぞわぞわと動いているようで、「動く砂粒」のように見える。

海の掃除屋、コノハエビ類

コノハエビ属の1種 | *Nebalia* sp. | 5 mm | ヒラメ体内で群れて捕食する（上、左下）、分解しつつあるヒラメの死骸（右下）

コノハエビ類は日本近海に広く生息しているが、出会うことは稀である。浅海の泥中に棲んでいて有機物を食べている。不思議と海中では魚類の死骸を見ることがほとんどないが、それらを食べてくれるのがコノハエビ類である。腐肉が好物で、死骸があると数百という個体が集まる。魚の中を覗くと、彼らが勢いよく動き回っている。生時には、赤い眼がとても印象的である。

| 海のオケラ、タナイス類 | タナイス科の1種 | Tanaididae sp.
3 mm |

第1胸脚が鋏状(はさみ)になっている独特な形態の小型甲殻類。昆虫類のオケラに雰囲気が似る。海岸で見られるのはふつう数mmの種で、ときに大量に見られることがある。日本では15種程が知られる。海底の砂中、海藻や石の隙間など、様々な環境に棲んでいる。海藻上を移動する白いタナイスはとても愛らしく、これを見つけた時は撮影に集中できる。可愛い海のオケラである。

砂地が隠れ蓑、クーマ類 | クーマ類 | Cumacea spp. | 3 mm

　楕円形の頭胸部と細長い筒状の腹部からなる体形は独特。ほとんどが海産底生性で、夜行性である。伊豆大島でも多くの個体が見られるが、まだ種は同定されていない。普段は砂底の表層近くに隠れているが、波の影響などで海底の砂が動くと移動を始める。泳ぎは得意とは言えず、少し動く（泳ぐ？）と着底し、体を巧みに振動させて砂中に隠れる。泥混じりの砂溜りが好みのようである。

小さなエイリアン、ウミノミ類①

クラゲノミ科の1種、Hyperiidae sp.、5 mm（上：モモイロサルパに宿る）｜**クラゲノミ科の他種**、Hyperiidae sp.、5 mm（左下：遊泳個体）｜**ヘラウミノミ属の1種**、*Vibilia* sp.、5 mm（右下：サルパ類に宿る）

クラゲノミ類は、頭部が大きな複眼に覆われ、胸脚も鋏形や鎌形など様々に特化した、独特な形態を持つ。全て海産。まるでエイリアンのような姿は、見る者を魅了する。クラゲノミ類は浮遊性であるとともに、クラゲ類やウミタル類、サルパ類などゼラチン質プランクトンの体内にも宿る。

小さなエイリアン、ウミノミ類②

トゲウミノミ属の1種、*Primno* sp.、5 mm（上：遊泳個体） ｜ **ツノウミノミ**、*Phrosina semilunata*、10 mm（左下：夜間ライトに集まる） ｜ **オオタルマワシ**、*Phronima sedentaria*、20 mm（右下：夜間ライトに集まる）

　トゲウミノミ類は、鋭い脚を開いて積極的に遊泳する。速度は決して速くないが、しっかりと姿勢を保ち、時には宙返りするような行動も見せる。ストレスがあると、脚をしまって体を丸くして遊泳をやめるが、安全が確認できると再び泳ぎだす。ツノウミノミとオオタルマワシの写真は、夜間撮影したものである。夜の海も魅力的で、ライトに集まったり反応したりと、走光性を示す生物を数多く観察できる。

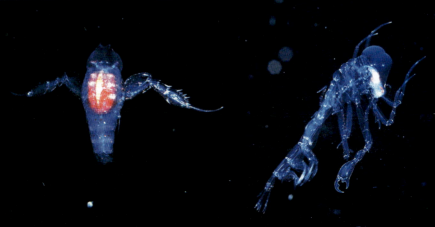

| 産卵・保育するワレカラ類① | ワレカラ科の1種 | Caprellidae sp. | 20 mm |

　日本には100種以上のワレカラ類が生息し、世界的にも多様性が高いと言われている。ワレカラ類は大きく立派な鎌のような咬脚(こうきゃく)を有し、3対の歩脚で海藻などに掴まっている。体を丸めたり伸ばしたりを繰り返す姿がユーモラスである。

産卵・保育するワレカラ類②	モノワレカラ、*Caprella monoceros*、10 mm（上：保育中の雌）｜ワレカラ科の1種、Caprellidae sp.、10 mm（左下：幼体が育房から出てきた）｜ワレカラモドキ？、*Protella gracilis* ?、20〜30 mm（右下：ヒドロ虫類上）

多くのワレカラ類は大きさ10mm程度だが、ヒドロ虫類に多く見られるワレカラモドキは約30mm、アマモ場に棲むオオワレカラは40mmを超える。ワレカラ類には保育行動をとるものがあり、雌は孵化した幼体を胸部や胸脚に乗せて保育する。

集団生活するホソヨコエビ類

イソホソヨコエビ、*Ericthonius pugnax*、6 mm（上：海藻上に棲管の塊を作り集団生活する）｜**ソコホソヨコエビ**、*Ericthonius convexus*、6 mm（左下：海藻やヤギ類の上に棲み家を作る、右下：巣から出てきた雄成体）

集団生活するヨコエビ類で、夏から秋に多くの個体が見られる。棲管を作り、数十から数百の集団で生活しているが、体が小さいためフィールドで見つけるのは難しい。イソホソヨコエビは水深数m付近の海藻のふき溜まりなどに棲管の塊を作り、管の先から頭部を出している。5cm四方にある棲管の塊で100個体以上が見られる。ソコホソヨコエビはやや深場の水底が砂地の場所を好む。棲管から出ている個体も多い。

カイメンがゆりかご、トウヨウホヤノカンノン

トウヨウホヤノカンノン | *Polychelia atolli orientalis* | 1.4 mm | ハネハリカイメン | 腹部をこちらに向けている。周辺の亀裂は巣穴で個体も確認できる（上）、多くの巣穴が密集している（右下）

名前に反して、国内ではホヤ類からの記録は稀で、生態も不明な部分が多い。写真の個体はハネハリカイメン内に認められた。カイメンの表面に小さな窪み（巣）を作り、腹側をこちらに向けて入っている。数cm四方に数個の巣が見られるが、巣の入口を半分または全部閉じていることが多く、トウヨウホヤノカンノン本体を見ることは難しい。まるでゆりかごの中にいるような、愛らしいヨコエビである。

様々な環境に棲むヨコエビ類

ホソヅメホテイヨコエビ、*Cyproidea liodactyla*、3 mm（上：イサキの死骸を食べる）｜**ニッポンツツヨコエビ**、*Colomastix japonica*、5mm（左下：ワタトリカイメン内に棲む）｜**スベヨコエビ科の1種**、Odiidae sp.、5 mm（右下）

ヨコエビ類は様々な場所に生息し、魚類等の餌生物として重要な役割を果たす種が多いが、写真のホソヅメホテイヨコエビのような「海の掃除屋（分解者）」も少なくない。ニッポンツツヨコエビなどは、ワタトリカイメンやハネハリカイメンなど筒状のカイメン類を棲み家とする。色彩豊かなヨコエビ類もあり、スベヨコエビ科の種は観察者の間でも人気である。写真の個体（右下）は未記載種だが、三浦半島を始め伊豆大島では普通で、やや泥質の砂地で観察できる。

色鮮やかなドロノミ類　　ドロノミ属 | *Podocerus* spp. | 4 mm

　浅海域に生息するヨコエビ類。「泥に棲むノミのような小さな生物」という意味と思われるが、砂泥底のほか、海藻の付け根や転石の下、トゲトサカ類やカイメン類の表面など多くの場所で観察できる。体長は3〜6mm程で、長く伸びた触角が印象深い。体色は多彩で、砂地に紛れるモノトーンの個体をはじめ、赤、オレンジ、黄色、緑など。単色のものから綺麗な模様のものなどを見ることができる。

| 擬態するテングヨコエビ類① | オタフクヨコエビ属の1種 | *Parapleustes* sp. (sensu lato) | 1 mm | ヒドロ虫類 |

　刺胞動物の表面には大小のヨコエビ類が見られる。ヒドロ虫類に棲むオタフクヨコエビ類は大きさが2mmに満たないため、水中で確認するのは難しい。しかし、注意深く観察すると、オタフクヨコエビ類がヒドロ虫類の表面に集まっていることがあり、活発に移動している。ヨコエビ類にとって、刺胞動物は小さな彼らが身を守るための重要な棲み家である。

擬態するテングヨコエビ類②

オタフクヨコエビ属の1種、*Parapleustes* sp. (sensu lato)、1 mm、フトヤギ類（左上）｜**エゾテングヨコエビ属の1種**、*Pleusymtes symbiotica*、3.5 mm、トゲトサカ類（右上）、イソバナ（左下）、イソバナ上の擬態個体（右下）

ヤギ類の表面にも多くのヨコエビ類が付いている。イソバナやトゲトサカ類に棲むのはエゾテングヨコエビ類である。体長は3〜5mm程度で、多い時には数十個体が集まっている。宿主となるイソバナには赤や黄色を呈する群体があり、エゾテングエビ類も同じ体色で擬態し、イソバナの個虫やポリプの色合いに溶け込んでいる。

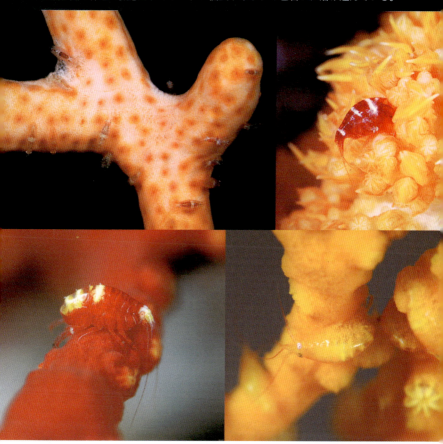

カイメンに棲むアミ類

コマイヤドリアミ | *Heteromysis komaii* |
9 mm | ザラカイメンの胃腔内に群れる（上）、抱卵個体（左下）、幼体を抱えた成体雌（右下）

多くのアミ類は自由生活性であるが、ヤドリアミ属はカイメン類やヤドカリ類などと共生する。コマイヤドリアミは、ザラカイメンの胃腔内で所狭しと泳いでいる。抱卵個体や保育個体が一緒に見られるため、ザラカイメンのなかで繁殖を行っていると推察される。アミ類の成体雌は腹面に育房を持ち、なかには幼体を抱えている個体も見られる。生活史やザラカイメンとの関係は未知の部分が多い。

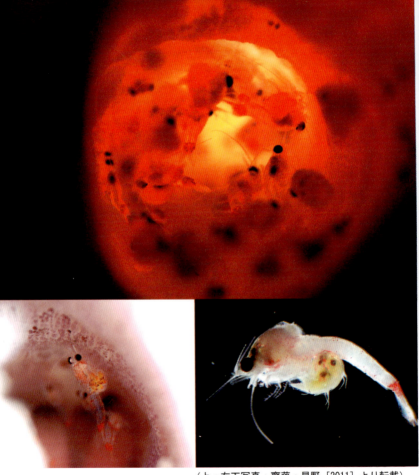

（上・右下写真：齋藤・星野［2011］より転載）

水中を漂う、ジェリーフィッシュライダー

ウチワエビ属の1種 | *Ibacus* sp. | 5 cm

　中層をゆっくりと浮遊する透明な美しい生物に出会った。セミエビ科に属するウチワエビ類の幼生、フィロゾーマである。その宙を漂うような姿はとても神秘的である。セミエビ類は孵化後、ノープリオゾーマ、フィロゾーマ、ニストを経て稚エビに変態していくが、そのあいだに何度も脱皮をして成長する。写真の個体は約5cmと大きく、ニストになる日も近いと思われた。セミエビ類のフィロゾーマは、餌とするクラゲに乗っていることから、ジェリーフィッシュライダー（クラゲに乗る者）と呼ばれる。

海に漂う小さな星たち

リザリア類 | Rhizaria spp. | 3〜5 mm

　海中に浮遊するプランクトンには、有孔虫類や放散虫類に属するものがある。両者は互いに近い関係にある。有孔虫類は複雑な形状を呈した小さな孔が多数見られる石灰質の殻を持っている。浮遊性のものは殻室をひとつずつ作って成長していく。仮足を殻から伸ばして餌を捕まえたり、移動したりする。

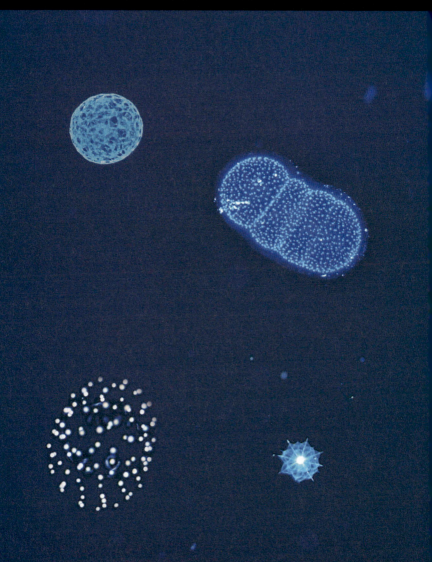

放散虫類には群体形成するものがあり、寒天質の物質を分泌して体積を増やすことによって比重を小さくし、移動を容易にしている。フィールドでは、放散虫類は大きくても5mm程で、大潮など流れがある時が撮影のチャンスである。様々な形状のガラス細工のような放散虫たちが目の前を流れ行くので、撮影は比較的容易である。

| 下等な動物群、扁形動物 | サンカクウミウズムシ、*Paucumara trigonocephala*、4.7 mm（上）｜**イイジマナメクジムシ**、*Vorticeros ijimai*、1.2 mm（下） |

扁形動物と言っても一般には馴染みがないだろう。理科の教科書に、再生で有名なプラナリアが出ていたことを覚えている読者がいるかもしれない。下等な動物群で、呼吸器や循環器を欠く。ここに示したウズムシ類のほかに、ヒラムシ類の出現率が高い。多くは自由生活をするが、寄生生活する種もある。海に棲むヒラムシ類の生態や行動の記録はほとんどない。

| 浮遊する貝類 | **ウキビシガイ**、*Clio pyramidata*、1 cm（上）
\| **マメツブハダカカメガイ**、*Hydromyles globulosa*、4 mm（下） |

　暖流域に生息する浮遊性貝類である。半透明な三角形の殻と翼足を羽ばたかせて泳ぐウキビシガイの姿は神秘的である。大潮時や流れのある時に優雅に泳ぐのを観察できる。ただ、ウキビシガイはいつでも遊泳しているわけではない。刺激を与えると殻に入って着底し、まわりの様子を窺ってから泳ぎだす。ガラス細工のような繊細なウキビシガイに、偶然出会えた時の感動は計り知れない。伊豆大島では、丸い体形が愛らしいマメツブハダカカメガイに出会うこともある。

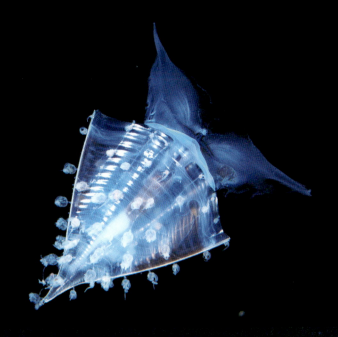

| ハウスを広げるオタマボヤ類 | **オタマボヤ類の1種** | Appendicularia sp. | 5 mm |

　固着生活を送るホヤ類に近い生物。その体は丸い胴部と長い尾部からなり、オタマジャクシに似ている。大潮の時に無色透明の多くの個体が流れているのが観察できる。通常みずから広げた寒天状のハウスの中央に住むが、自身はほぼ透明で見つけにくい。ハウスはろ過機能を有して餌をキャッチする。ただ、その機能が落ちてくると、彼らはハウスを捨て外に飛び出すが、すぐに新しいハウスを作って浮遊生活を続ける。

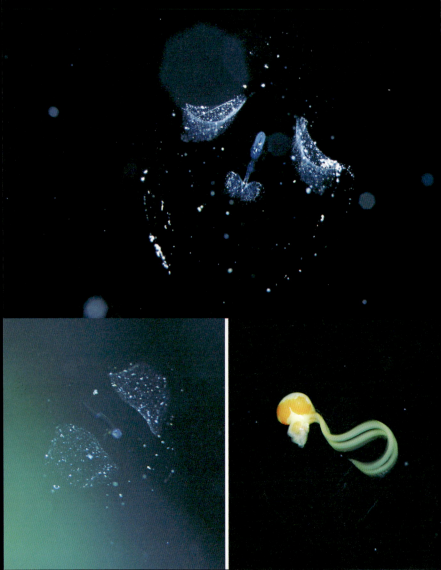

イソヤムシ類の繁殖行動

イソヤムシ科の1種 | Spadellidae sp. | 8 mm | 求愛中の個体（上）、転石下に産み付けられた卵（左下）、孵化（右下）

　ヤムシ類には浮遊性と底生性のものがあり、イソヤムシ類は後者である。餌が近づくと、水流の変化を感知して、素早く顎毛を開いて捕食する。小さな姿からは考えられない、どう猛な生物である。その繁殖行動も興味深い。2個体で繁殖行動を行う。ペアが決まると立ち上がって向き合い相手に精包を渡す。産卵は小さな石の裏や貝殻の裏側に行う。産み付けられた卵は約2日で孵化する。孵化した子供たちは既に親と同じ形をしている。

| イソヤムシ類の体色変異 | イソヤムシ科 ｜ Spadellidae sp./spp. ｜ 5〜8 mm |

　写真の個体は、すべてイソヤムシ類である。後端にある吸着器官を使い、砂地や海藻、岩盤に付いている。白色の個体が多いが、紅白や黄色などの個体も観察できる。これらの色彩が種内変異か別種のものかは不明である。彼らは海藻上や砂地、転石下などで棲み分けているように思えるが、体色の違う個体が混在することもあり、判断が難しい。しっかりとした分類学的研究が望まれる。

コケムシ類

チゴケムシ属の1種、*Watersipora* sp.、0.5 mm（上） | **苔虫動物**、Bryozoa spp.（下）

ヒドロ虫類によく似るが、れっきとした苔虫動物という独立した動物群である。1mm前後の個虫が集まって群体を形成し、岩肌や他生物の表面に付着して生活する。種によって、平面状に連なり被覆するもの、起立するように連なるもの、分子構造モデルのように複雑に枝分かれしていくものなど、多様である。チゴケムシ（血苔虫）のすべての個虫が触手を伸ばした様子は、正にレッドカーペットと表現してもよく、とても美しい。

若返りの神秘、ベニクラゲ類

ベニクラゲ属の1種、*Turritopsis* sp. | 4 mm | 触手を伸縮させ浮遊する個体（上）、積極的に遊泳する際には触手を縮める（左下）、触手を広げた個体（右下）

ヒドロ虫類の仲間であるベニクラゲ類。和名は、透けて見える生殖巣が赤いことに由来する。色々なストレスがかかると、ポリプに戻り、再び成長を始める「不老不死のクラゲ」と呼ばれている。伊豆大島では、潮の流れに任せた姿を見ることができる。触手を広げてのんびり浮遊していたかと思うと、突然、触手をまとめて動かし、活発に泳ぎだす。小さなクラゲであるが、秘められた生活史の奥深さには感心させられる。

海に咲く花、ヒドロ虫類

ハネウミヒドラ、Pennaria disticha、50 mm（上、右下）｜**ハナクラゲ類の1種**、Anthomedusae sp.、20 mm（中左）｜**エダウミヒドラ科の1種**、Eudendriidae sp.、20〜30 mm（中右）｜**ウミエラヒドラ科の1種**、Hydrichthella sp.、10 mm（左下）

　ヒドロ虫類は刺胞動物に含まれ、固着性ポリプ型と浮遊性クラゲ型がある。前頁のベニクラゲは浮遊性のヒドロ虫類である。雌雄異体でプラヌラ幼生を生じた後、様々な基質上に着生してヒドロポリプに変態する。ヒドロ虫類は群体を作るものが多いが、外形だけで種を同定することは困難である。ヒドロポリプの各部分は、草花のように先端部からヒドロ花、ヒドロ茎、ヒドロ根と呼ばれる。ヒドロ花は刺胞を持った触手を用いて餌を捕らえる。

海を飾る花虫類

イソバナ、*Melithaea flabellifera*、100 mm（上） | **トゲナシヤギ**、*Acanthogorgia inermis*、150〜400 mm（下）

　花虫類に属する八放サンゴ類は、ポリプが集合した群体を形成する。各ポリプは8本の触手を有し、その両側に指状突起を備える。ポリプの先端部を花頭、後半部を花柄と呼び、まさしく海に咲く花である。伊豆大島には、ウチワ状を呈したイソバナ類の群体が群生する場所があり、ポリプが開いていると、とても美しい。赤色や黄色をした群体はそれぞれ別々に群生している。

イソバナ科の1種、Melithaeidae sp.、150〜400 mm（左上）│**チヂミトサカ科の1種**、Nephtheidae sp.、100〜300 mm（右上）│**ツボヤギ**、*Calicogorgia granulosa*、150〜400 mm（左下）│**チヂミトサカ科の1種**、Nephtheidae sp.、100 mm（右下）

果てしなく広がる研究のフロンティア
小型甲殻類の魅力

齋藤暢宏

はじめに

　甲殻類といえば、エビフライのネタであるクルマエビ、刺身が美味なホッコクアカエビ（通称"甘えび"）、茹でガニでおなじみのケガニやズワイガニ（通称"越前がに"）など、「海の幸」を思い浮かべるであろうか？　本書の読者であれば、ミドリイシなどエダサンゴ類に見られるサンゴガニや、イソギンチャクと共生するアカホシカクレエビ、コホシカニダマシなどのほうがなじみ深いかもしれない。だがこれら"可視的サイズ"のエビ・カニ類は、十脚目という甲殻類のごく一部の分類群にすぎない（表１）。甲殻類には、顕微鏡サイズのミジンコや、岩礁に固着するカメノテ・フジツボなども含まれ、実にバラエティに富んだ動物なのである。

　実は、私はそれら十脚目とは違う甲殻類に興味を持ち、調査・研究を続けている。なぜ、そうした"マイナーグループ"を研究するかといえば、ひとつには知見が少なくて研究テーマが豊富にあること、他には魚の餌となるグループや海中の動植物の死骸を分解するグループなど、生態学的に興味深い分類群を含んでいるからである。しかし、何といっても、エビともカニとも判別できない多彩で独特なフォルムに魅せられてしまっているというのが本音である。ここでは、私が関心を寄せる十脚目以外のグループを便宜的に小型甲殻類と呼んで話を進めよう。

小型甲殻類を研究する意義

　甲殻類は、淡水域（沼や池、河川）にも陸上にも生息する多様な動物である。海洋に限って話を進めるが、海域では岩礁海岸や干潟等の浅場にはもちろんのこと、水深１万メートルを超える深海に

至るまで、あらゆる海にそれぞれに適した甲殻類が生息する（図1）。昆虫類が陸域で繁栄した節足動物であるのに対して、甲殻類は水域に特化したグループである。海洋にはカイアシ類という浮遊性のミリメートル級の小型甲殻類が豊富に存在し、イワシなどの小魚の重要な餌資源となる。

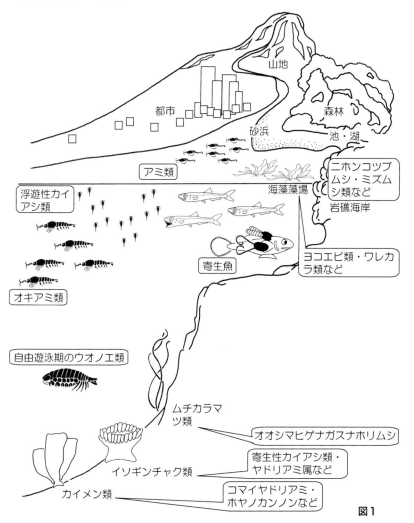

図1

同じ浮遊生物でもセンチメートル級のオキアミ類は、ヒゲクジラなど大型哺乳類の生活を直接支えている。海藻藻場などには数ミリのヨコエビ類やワレカラ類が見られ、メバルやカサゴなどの重要な餌料となっている（図２）。砂浜域のアミ類などは、ヒラメの初期餌料として欠かせない存在である。小型甲殻類は私たちが直接食材として利用することは少ないが、このように生態学的にも水産学的にも重要な研究材料であることをご理解いただけると思う。加えて、グループによっては分類学的研究が遅れていて、研究テーマが山積している。たとえば、ヨコエビ類は国内から約400種が記録されているが、未記載種を含めると1000種を超えると見積もられている。

寄生性甲殻類
　甲殻類のなかには、魚類や海産無脊椎動物を宿主とする寄生性の種が多く存在する。寄生虫と聞くと一般的には病害虫的なイメージがあり、事実、宿主生物に何らかの影響を与える存在であるが、寄生虫が宿主に依存し、共存するために見せる適応進化と繁殖戦略には言い尽くせない魅力がある。
　カイアシ類は、一般的にはケンミジンコと呼ばれるような動物プランクトンで、淡水域にも海洋にも大量に生息し、小型魚類やほとんどの魚類の仔稚魚期において重要な餌資源となっている。しかし、カイアシ類には寄生生物として特化したグループが少なくなく、それぞれが実に様々な寄生適応を示している。彼らの、寄生生活のためにカイアシ類の基本体制や生活史から逸脱した様は、ただ感心するばかりである。形態は様々に特化し（図３）、生活史も、宿主にはやく寄生するために幼生期間を短縮するものや、幼生期は普通のカイアシ類と同じだが、宿主に寄生した途端に寄生虫として形態変化を起こすグループなどがある。

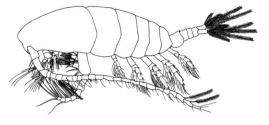

ミリメートルサイズの海産動物プランクトン。イワシ類などの小魚の餌として重要である

カラヌス・シニカス／*Calanus sinicus*／3 mm

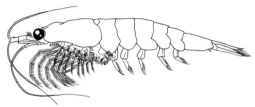

センチメートルサイズの海産動物プランクトン。極域の大型オキアミ類はヒゲクジラ類の重要な餌生物である

ツノナシオキアミ／*Euphausia pacifica*／15〜20 mm

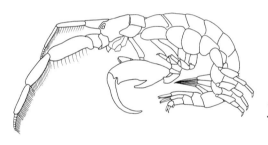

海藻藻場や岩礁域の海藻に棲息し、棲管をつくる。メバルやカサゴなどの魚類の餌料となる

ムシャカマキリヨコエビ／*Jassa marmorata*／7 mm

世界中に広く分布し、国内では青森以南の海藻藻場や、港の係留ロープなどに見られる。小型個体や雌は胸節が伸張しない

クビナガワレカラ／*Caprella equilibra*／15 mm

図2

ウキウオジラミ（雄、腹面左半分）／
Caligus undulatus ／3.5 mm

カサガタメダマイカリムシ（雌、側面）／
Phrixocephalus umbellatus ／4.6 mm

両種とも寄生適応のため、浮遊性のカイアシ類（図2）とは体制が大きく異なる

図3

　他の分類群では、鞘甲類やフクロエビ類にも寄生生活に特化したグループがあり（表1）、それぞれ独特の進化を遂げている。また、ヒメヤドリエビ類や鰓尾類、五口類など、すべてが寄生性の種からなる分類群もある。

小型甲殻類と私

　私は主に分類学的なアプローチでこれら小型甲殻類と接してきた。脚や口器の形を見ながら種を調べるのが主な研究内容だが、全身がミリメートルサイズの小型甲殻類を相手に、針先を使ってパーツを本体から取り外し、顕微鏡下で観察するその工程は、好きでな

くては続けられない特殊な作業であるかもしれない。逆に脚や口器に備わる棘や刺毛の配列に"美しさ"を感じられなければ、分類学の遂行は難しいかもしれない。幸いにも、私はこれに魅せられ、長く分類学に従事することができている。

　海洋生物学の研究フィールドは、人間のアクセス可能な場所から着手されているものと思われる。それは潮間帯など陸からアクセスできる場所、あるいは、調査船と採集機器によって研究材料を採集できる海域、最近では深海調査の技術もさまざまに発達しているように思われる。私が扱ってきたものも、主にこれらフィールドで採集された標本である。逆に、案外知見が不足しているのが潮間帯下部や潮下帯など、直接のアクセスや、船による調査が困難なエリアである。この海域は従来の調査手法では研究が難しい場所であった。しかし、昨今のSCUBA観察者の増加によって、かなり多くの知見が集まりつつあるように感じている。こういった特殊な海域に注目する"目"が増えつつあるようである。

本書の役割

　本書の主著者である星野さんは、プロの観察者として伊豆大島で長く海洋生物の観察に従事されている。その過程で、珍しい海洋生物やその生態を観察することもあり、私はそれらを報告する際に手伝うことがある。私が関与するのは、専門である小型甲殻類である。本書にも収録したアカホシカクレノコシヤドリは、アカホシカクレエビの腹部背面に寄生するエビヤドリムシ類であるが、コエビ類の腹部背面に寄生する種として世界3番目の発見で、2015年に新属・新種として発表した。その学名は、採集地の伊豆大島と発見者の星野さんに献名した。ムチカラマツ類から偶然に発見されたスナホリムシ類も新種で、オオシマヒゲナガスナホリムシとして2012年に記載を行った。星野さんは、寄生性カイアシ類に対する観察眼も鋭く、ホシノノカンザシ（イチモンジハゼの頭部に寄生）やナガワ

キザシ（イチモンジハゼの胸鰭後方に寄生）、ハナビラツブムシ（ヒメギンポの胸鰭基部に寄生）などの新種は、星野さんの採集に基づいている。

　ザラカイメンの内部に棲むコマイヤドリアミは、2004 年に浦賀水道から新種記載されたアミ類で、2011 年の星野さんによる伊豆大島での発見は本種の 2 番目の記録となった。発見が 10 年早ければ新種として報告することができたのだが、星野さんによるフィールドでの観察記録が学術的に極めて重要であることはいうまでもない。魚類寄生性ワラジムシ類であるウオノエ類やウミクワガタ類は、生活史において一時的に自由生活するが、その詳細には不明な点が多い。しかし、星野さんはそれらの自由生活の状況を海中で観察している。これも観察地に腰を据えて調査を行っている星野さんならではの功績である。

　このように星野さんの活動は伊豆大島近海における海洋生物相の分類学的知見の充実に大きく貢献していることは間違いなく、小さな海洋生物を美しいフィールド写真でつづった本書は、最新の知見を多く含む他に類書のない貴重な写真集といえる。写真の解説文は、ほとんどが星野さん自身の観察記録であり、論文では知りえないリアルな情報となっている。多くの水中観察者は、色鮮やかな熱帯魚やウミウシ類、サンゴやイソギンチャクと共生するエビ・カニ類に大きな関心を寄せていると思われるが、同じ場所であっても小型動物に着目して観察することによって、これまでのフィールドが新世界として感じられるのではないかと思われる。

　海洋生物の学術的な知見は、"可視的サイズ"の生物ですら断片的であるのが現状である。ましてや小型甲殻類に関する知見はほぼ皆無で、何に手を付けても、ほぼすべてが新知見と考えて差し支えない。このような状況であるにもかかわらず、専門の研究者は少なく、生物相の把握でさえもいまだ十分に行われていない。私は、フィールドで活躍する観察者と大学や研究機関で働く科学者が協

力・連携することが自然科学の理想的な研究のあり方と考えている。観察者からもたらされるフィールドの情報を科学者が活かし、その成果を観察者に還元することによって、相乗的に自然の理解が進むものと考えており、私自身もそういった自然史研究を進めて行きたいと心がけている。

表1 甲殻類の分類体系

甲殻亜門 Crustacea
　鰓脚綱［ミジンコ綱］Branchiopoda
　ムカデエビ綱 Remipedia
　頭エビ綱［カシラエビ綱］Cephalocarida
　顎脚綱［アゴアシ綱］Maxillopoda
　　鞘甲亜綱（フジツボ亜綱）Thecostraca*
　　ヒメヤドリエビ亜綱 Tantulocarida*
　　鰓尾亜綱［エラオ亜綱］Branchiura*
　　五口亜綱（舌形亜綱）Pentastomida*
　　髭エビ亜綱［ヒゲエビ亜綱］Mystacocarida
　　カイアシ亜綱（橈脚亜綱）Copepoda*
　介形綱（貝虫綱）［カイムシ綱］Ostracoda
　軟甲綱［エビ綱］Malacostraca
　　薄甲亜綱（コノハエビ亜綱）Phyllocarida
　　　　コノハエビ目 Leptostraca
　　トゲエビ亜綱（刺エビ亜綱）Hoplocarida
　　　　口脚目［シャコ目］Stomatopoda
　　真軟甲亜綱 Eumalacostraca
　　　原エビ上目［ムカシエビ上目］Syncarida
　　　　ムカシエビ目 Bathynellacea
　　　　アナスピデス目 Anaspidacea
　　　フクロエビ上目 Peracarida
　　　　スペレオグリフス目 Spelaeogriphacea
　　　　テルモスバエナ目 Thermosbaenacea
　　　　ロフォガスター目 Lophogastrida
　　　　アミ目 Mysida
　　　　ミクトカリス目 Mictacea
　　　　端脚目［ヨコエビ目］Amphipoda*
　　　　等脚目［ワラジムシ目］Isopoda*
　　　　タナイス目 Tanaidacea
　　　　クーマ目 Cumacea
　　　ホンエビ上目 Eucarida
　　　　オキアミ目 Euphausiacea
　　　　アンフィオニデス目 Amphionidacea
　　　　十脚目［エビ目］Decapoda
　　　　　根鰓亜目 Dendrobranchiata
　　　　　抱卵亜目 Pleocyemata
　　　　　　オトヒメエビ下目 Stenopodidea
　　　　　　コエビ下目 Caridea*
　　　　　　ザリガニ下目 Astacidea
　　　　　　タラッシナ下目（アナジャコ下目）Thalassinidea
　　　　　　イセエビ下目 Palinura
　　　　　　異尾下目（ヤドカリ下目）Anomura
　　　　　　短尾下目（カニ下目）Brachyura*

分類体系は Martin & Davis（2001）による；（）内は別称、［］内は『学術用語集：動物学篇』（文部省・日本動物学会, 1988）による名称；*寄生種を含む分類群

主な参考文献

朝倉　彰（編）．2003．甲殻類学：エビ・カニとその仲間の世界．東海大学出版会．東京．xiv+291 pp.

千原光雄・村野正昭（編）．1997．日本産海洋プランクトン検索図説．東海大学出版会．東京．xxxvi+1574 pp.

日高敏隆（監修）・奥谷喬司・武田正倫・今福道夫（編）．1997．日本動物大百科第7巻：無脊椎動物．平凡社．東京．196 pp.

Martin, J. W. & Davis, G. E. 2001. An updated classification of the recent Crustacea. National History Museum of Los Angeles Country Science, 39: 1-123.

峯水　亮（著）・武田正倫・奥野淳児（監修）．2000．海の甲殻類．文一総合出版．東京．344 pp.

文部省・日本動物学会．1988．学術用語集動物学編（増訂版）．丸善．東京．1122 pp.

長澤和也．2001．魚介類に寄生する生物．成山堂書店．東京．186 pp.

中坊徹次（編）．2013．日本産魚類検索 全種同定 第三版．東海大学出版会．秦野．I+2428 pp.

西村三郎（編）．1992．原色検索日本海岸動物図鑑（I）．保育社．大阪．xxxvi+425 pp.

西村三郎（編）．1995．原色検索日本海岸動物図鑑（II）．保育社．大阪．xii+663 pp.

岡田　要・内田清之助・内田　亨（監修）．1965．新日本動物図鑑（中）．北隆館．東京．12+803 pp.

椎野季雄．1964．動物系統分類学7（上）．節足動物（I）．総説・甲殻類．中山書店．東京．3+312 pp.

椎野季雄．1969．水産無脊椎動物学．培風館．東京．345 pp.

東京大学大学院理学系研究科附属臨海実験所（編）．2015．海の観察ガイド：三崎の砂底の動物ガイド〈I〉．東京大学大学院理学系研究科附属臨海実験所．三崎．155 pp.

転載した写真・図の出典情報

星野　修・齋藤暢宏．2016．SCUBA潜水によって観察されたオニナナフシ科等脚類の"子守行動"．うみうし通信．90: 5.

Ota, Y., Hoshino, O., Hirose, M., Tanaka, K. & Hirose, E. 2012. Third-stage larva shifts host fish from teleost to elasmobranch in the temporary parasitic isopod, *Gnathia trimaculata* (Crustacea; Gnathiidae). Marine Biology, 159: 2333-2347.

齋藤暢宏・星野　修．2011．伊豆大島でみられたカイメン内在性アミ類，コマイヤドリアミ（新称）の観察記録（甲殻亜門・アミ目・アミ科）．神奈川自然誌資料．32: 51-54

山田一之・星野　修．2014．伊豆大島のハネハリケイメンを衰退させたスピオ科多毛類 *Polydorella dawydoffi* Radashevsky 1996．日本生物地理学会会報．69: 189-191.

和名索引

ア
アカイソハゼ　15
アカウニ　42
アカシマシラヒゲエビ　25
アカヒトデ　41
アカヒトデヤドリニナ　41
アカホシカクレエビ　35
アカホシカクレノコシヤドリ　35
アミヤドリムシ科　37
アミヤドリムシ科の1種　36
アミヤドリムシ類　37, 40
イイジマナメクジムシ　84
イイジマフクロウニ　42
イイジマフクロウニヤドリニナ　42
イサキ　76
イチモンジハゼ　6, 7, 8, 10, 30
イソカサゴ　39
イソバナ　79, 92
イソバナ科の1種　93
イソホソヨコエビ　74
イソヤムシ科　88
イソヤムシ科の1種　87
イワシ類　29
ウオジラミ科　16, 17
ウオノエ科　29, 30, 31
ウオノエ科の1種　26, 27, 28
ウオビル科　39
ウオビル科の1種　38
ウキウオジラミ　98
ウキビシガイ　85
ウチワエビ属の1種　81
ウミエラヒドラ科の1種　91
ウミグモ類　57
ウミグモ類の1種　56
ウミミズムシ属の1種　61
エゾテングヨコエビ属の1種　79
エダウミヒドラ科の1種　91
エビヤドリムシ科の1種　34

エラホソツツムシ　65
オオタルマワシ　71
オキナワベニハゼ　30
オタフクヨコエビ属の1種　78, 79
オタマボヤ類の1種　86
オニナナフシ科の1種　58, 59

カ
カイアシ類　19, 20
カイメン類　48, 49
カサガタメダマイカリムシ　98
カサネシリス　52
カラヌス・シニカス　97
キンイロセトモノガイ　42
キンギョハナダイ　25
グビジンイソギンチャク　19
グビナガワレカラ　97
クーマ類　69
クマノミ　26
クラゲノミ科の1種　70
クリアクリーナーシュリンプ　25
ケヤリムシ　44
コウリンハナダイ　12
コクチフサカサゴ　14
コケウツボ　25
苔虫動物　89
コノハエビ属の1種　67
コマイヤドリアミ　80
コンボウウロコムシ　54

サ
サフィリナ・オバトランケオラータ　21
サクラダイ　9
ザラカイメン　80
サルパ類　70
サワラビガイ　44
サンカクウミウズムシ　84
シマウミスズメ　13
シリス科の1種　53

シロオビコダマウサギ 43
スイツキミジンコ科の1種 22
スカシソコミジンコ科の1種 22
スピオ科の1種 50, 51
スプランクノトロフス科の1種 18
スベヨコエビ科の1種 76
セファロエセテス属の1種 66
ソコホソヨコエビ 74
ソコミジンコ類 22
ソラスズメダイ 27, 29

タ
ダイトクベニハゼ 9
タカノハダイ 24
タナイス科の1種 68
チゴケムシ属の1種 89
チシオコケギンポ 28
チヂミトサカ科の1種 93
ツノウミノミ 71
ツノナシオキアミ 97
ツブムシ科の1種 15
ツボヤギ 93
トウヨウホヤノカンノン 75
トゲウミノミ属の1種 71
トゲウロコムシ 55
トゲトサカ 57
トゲトサカ類 43, 79
トゲナシヤギ 92
ドロノミ属 77

ナ
ナガレモヘラムシ 61
ナガワキザシ 10
ニジギンポ 38
ニッポンツツヨコエビ 76
ニホンコツブムシ 60

ハ
ハオコゼ 39

ハナクラゲ類の1種 91
ハナビラツブムシ 11
ハネウミヒドラ 91
ハネハリカイメン 75
バフンウニ 42
ハマダンゴムシ 62
ハンモンウロコムシ 55
ヒジキムシ科の1種 12, 13
ヒドロ虫類 19, 78
ヒメオオメアミ 37, 64
ヒメギンポ 24, 32
ヒラタウミセミ 60
ヒラタウミミズムシ属の1種 61
ヒラメ 16, 39, 67
フタスジウミケムシ 54
フトヤギ類 79
ベニクラゲ属の1種 90
ベニハナダイ 12
ヘビギンポ 23, 33
ヘビギンポ類 46
ヘラウミノミ属の1種 70
ベンケイハゼ 16, 24
ホウライヒメジ 17, 25
ホシノノカンザシ 6, 7, 8, 9
ホシノノカンザシか近縁種 9
ホソヅメホテイヨコエビ 76
ホソヘラムシ属の1種 61
ポリドレラ・ダウィドフィ 48, 49
ホヤ類 50, 51
ホンカクレエビ類 34
ホンソメワケベラ 25

マ
マダラウロコムシ 55
マナマコ 19
マメツブハダカカメガイ 85
ミサキウバウオ 24
ミナミハコフグ 13
ミヤケヘビギンポ 11

ムシャカマキリヨエビ　97
ムツボシウミクワガタ　32, 33, 46
メダマイカリムシ属の1種　14
メバル類　29
モノワレカラ　73
モモイロサルパ　70

ヤ
ヤドリアミ属の1種　36, 37
ユビウミウシ　18

ラ
リザリア類　82, 83

ワ
ワタトリカイメン　76
ワレカラ科の1種　72, 73
ワレカラモドキ？　73

学名索引
A
Acanthogorgia inermis　92
Amblyosyllis speciosa　52
Anthomedusae sp.　91
Appendicularia sp.　86
Arcturidae sp.　58, 59
Aspidophryxus sp.　37

B
Bopyridae sp.　34
Bryozoa spp.　89

C
Calanus sinicus　97
Calicogorgia granulosa　93
Caligidae spp.　16, 17
Caligus undulatus　98
Caprella equilibra　97
Caprella monoceros　73
Caprellidae sp.　72, 73
Cardiodectes asper　6, 7, 8, 9
Cephaloecetes sp.　66
Cerapus erae　65
Chloeia fusca　54
Chondracanthidae sp.　15
Cleantoides sp.　61
Clio pyramidata　85
Colomastix japonica　76
Copepoda spp.　19, 20
Cumacea spp.　69
Cymodoce japonica　60
Cymothoidae sp./spp.　29, 30, 31
Cyproidea liodactyla　76

D
Dajidae sp.　36
Dajidae spp.　37

E
Echineulima tokii　42
Ericthonius convexus　74
Ericthonius pugnax　74
Eudendriidae sp.　91
Euphausia pacifica　97

G
Gnathia trimaculata　32, 33

H
Harmothoe imbricata　55
Harmothoe spinifera　55
Harpacticoida　22
Heteromysis komaii　80
Hydrichthella sp.　91
Hydromyles globulosa　85
Hyperiidae sp.　70

I
Ianiropsis sp. 61
Ibacus sp. 81
Idiomysis japonica 64
Idotea metallica 61
Iphione muricata 55
Izuohshimaphryxus hoshinoi 35

J
Jassa marmorata 97
Joeropsis sp. 61

L
Leptosphaeroma gottschei 60

M
Medioantenna clavata 54
Melithaea flabellifera 92
Melithaeidae sp. 93

N
Nagasawanus akinohama 10
Nebalia sp. 67
Nephtheidae sp. 93

O
Odiidae sp. 76

P
Pantopoda sp. 56
Pantopoda sp./spp. 57
Parapleustes sp. (sensu lato) 78
Paucumara trigonocephala 84
Peltidiidae sp. 22
Pennaria disticha 91
Pennellidae sp. 12, 13
Phrixocephalus umbellatus 98
Phrixocephalus sp. 14
Phronima sedentaria 71
Phrosina semilunata 71
Piscicolidae sp. 38
Piscicolidae spp. 39
Pleusymtes symbiotica 79
Podocerus spp. 77
Polychelia atolli orientalis 75
Polydorella dawydoffi 48, 49
Porcellidiidae sp. 22
Primno sp. 71
Prionovolva brevis 43
Protella gracilis ? 73

R
Rhizaria spp. 82, 83

S
Sapphirina ovatolanceolata 21
Separatista helicoides 44
Spadellidae sp. 87
Spadellidae sp./spp. 88
Spionidae sp. 50, 51
Splanchnotrophidae sp. 18
Stilifer akahitode 41
Syllidae sp. 53

T
Tanaididae sp. 68
Ttetaloia hoshinoi 11
Turritopsis sp. 90
Tylos granuliferus 62, 63

V
Vibilia sp. 70
Vitreolina aurata 42
Vorticeros ijimai 84

W
Watersipora sp. 89

あとがき

「何と美しい世界だろう。この美しい世界を多くの人に知ってもらいたい」

本書の主著者の星野さんから出版に関する相談を受け、掲載予定の写真を初めて見たときの、私の感想である。

私は、ここ数年、星野さんが伊豆大島の生物から採集した寄生虫を研究する機会に恵まれ、分類学的研究を行ってきた。本書で最初に紹介したカイアシ類のホシノノカンザシやナガワキザシは、それら寄生虫の一部である。第二著者の齋藤さんも、私と同じ立場であり、星野さんが採集した寄生虫、特にワラジムシ類に関する研究を進めてきた。エビヤドリムシ類のアカホシカクレノコシヤドリは、正に星野さんが採集し、昨年、齋藤さんが新属・新種として記載した種である。

今回、このような関係にある私たち三人が共同して出版したのが本書である。本書のメインは言うまでもなく、伊豆大島で撮影された多くの海洋生物の写真と解説である。この部分は、星野さんが担当した。水中写真の美しさは群を抜いている。写真の解説は、まず星野さんが撮影時の状況について執筆し、これを著者らが繰り返して読んで検討し、海洋生物の分類や生態に関する記述を整えた。また、次頁に示した海洋生物の

専門家に、それぞれの分野に関する原稿を読んでいただいた。そして、専門家からのコメントに基づいて、齋藤さんと私がさらに必要な修正を行った。こうして本書の原稿を完成させたが、編集期間がきわめて短かったため、記述にはまだ曖昧な点や誤りが含まれていないかとの不安がある。もしそれらがあれば、そのすべては編集者である私の責任である。お気づきの点があれば、遠慮なくご指摘いただければ幸いである。

　最後に、編著者からの急な依頼にもかかわらず、本書の原稿に適切なコメントをくださった先生方、写真の転載許可をくださった神奈川県立生命の星・地球博物館と水産無脊椎動物研究所、日本生物地理学会、ムツボシウミクワガタの生活史の図を提供してくださった太田悠造氏、伊豆大島での撮影にいつも協力してくださる大沼久之氏と黒田敏治氏、ダイビングサービスチャップ店舗の田川啓子氏、本書の出版を引き受けて下さった築地書館と編集部の方々に深く感謝する。

2016 年 7 月

長澤和也

本書の原稿を読みコメントをくださった方々（五十音順）

青木優和氏（東北大学大学院農学研究科）
有山啓之氏（大阪市立自然史博物館）
太田悠造氏（鳥取県生活環境部）
後藤太一郎氏（三重大学教育学部）
佐々木猛智氏（東京大学総合研究博物館）
佐藤正典氏（鹿児島大学大学院理工学研究科）
下村通誉氏（北九州市立いのちのたび博物館）
千野　力氏（東京都島しょ農林水産総合センター）
山内健生氏（兵庫県立人と自然の博物館）
山田一之氏（千葉県船橋市）
若林香織氏（広島大学大学院生物圏科学研究科）

【著者略歴】
星野　修　（ほしの　おさむ）
1966年6月30日　新潟県生まれ。
都内にてデザイナーとして7年間勤務後、1993年に伊豆大島へ移住。水中ガイド業務に従事し、2004年に独立。
現在、チャップ（ネイチャーガイド）代表。毎日フィールドに通い、年間500本以上の潜水観察と撮影に専念。
著書　『フィッシュウオッチングガイド〈part 1〉東日本』（共著、マリン企画、2007年）

齋藤　暢宏　（さいとう　のぶひろ）
1967年10月11日　群馬県生まれ。
東海大学大学院海洋学研究科海洋資源学専攻修了、水産学修士。
現在、（株）水土舎主任研究員。河川環境調査業務、生物分析業務（プランクトン分析、魚介類胃内容物分析など）等に従事するかたわら、個人的な興味から甲殻類（寄生種を含む）の研究を実施。
著書　『エビ・カニ・ザリガニ―淡水甲殻類の保全と生物学』（共著、生物研究社、2011年）

【編著者略歴】
長澤　和也　（ながさわ　かずや）
1952年4月25日　山梨県生まれ。
東京大学大学院農学系研究科博士課程修了、農学博士。
北海道立水産試験場、キール大学海洋研究所、農林水産省遠洋水産研究所、水産総合研究センター養殖研究所、東南アジア漁業開発センター養殖部局、水産総合研究センター東北区水産研究所を経て、
現在、広島大学大学院生物圏科学研究科教授。専門は水族寄生虫学。
著書　『魚介類に寄生する生物』（成山堂書店、2001年）、『さかなの寄生虫を調べる』（成山堂書店、2003年）、『フィールドの寄生虫学―水族寄生虫学の最前線』（編著、東海大学出版会、2004年）、『カイアシ類学入門―水中の小さな巨人たちの世界』（編著、東海大学出版会、2005年）ほか。

海の寄生・共生生物図鑑

海を支える小さなモンスター

2016年7月28日　初版発行

著者	星野修＋齋藤暢宏
編著者	長澤和也
発行者	土井二郎
発行所	築地書館株式会社
	〒104-0045　東京都中央区築地 7-4-4-201
	電話 03-3542-3731　FAX03-3541-5799
	http://www.tsukiji-shokan.co.jp/
	振替 00110-5-19057
印刷製本	シナノ出版印刷株式会社
装丁・本文デザイン	秋山香代子（grato grafica）

© Osamu Hoshino, Nobuhiro Saito and Kazuya Nagasawa 2016 Printed in Japan
ISBN 978-4-8067-1517-7 C0645

・本書の複写、複製、上映、譲渡、公衆送信（送信可能化を含む）の各権利は築地書館株式会社が管理の委託を受けています。
・ JCOPY 〈(社) 出版者著作権管理機構 委託出版物〉
本書の無断複製は著作権法上での例外を除き禁じられています。複製される場合は、そのつど事前に、(社) 出版者著作権管理機構（電話 03-3513-6969、FAX 03-3513-6979、e-mail : info@jcopy.or.jp）の許諾を得てください。